EUROPAS
WILDE WASSER

Seiten 2/3:
Eisbär
Ursus maritimus
Spitzbergen, Norwegen
Biologen schätzen, dass weltweit nur noch etwa 25 000 Eisbären leben. Sie avancierten zum Inbegriff des Klimawandels, da ihr Lebensraum rapide schrumpft.
Staffan Widstrand

Seiten 4/5:
Meerpfauen (Lippfische)
Thalassoma pavo
Pico, Azoren, Portugal
Die meisten der 600 Lippfischarten können spontan ihr Geschlecht wechseln. Überdies zeigen sie je nach Schwarmverbänden und Reifungsphase ein wechselvolles Farbenspiel – ein echter Blickfang.
Magnus Lundgren

Seiten 6/7:
Mantelmöwe-Küken und Gelege
Larus marinus
Saltee Islands, Irland
Nach 50 Tagen verlassen die Jungvögel das Nest, halten sich aber in den ersten Monaten noch in der Nähe ihrer Eltern auf.
Pål Hermansen

Seiten 8/9:
Roter Thun
Thunnus thynnus
Gozo, Malta
Der seltene Rote Thun ist trotz seiner beachtlichen Länge von annähernd vier Metern in der Lage, bis zu 100 Kilometer pro Stunde schnell zu schwimmen. Gewissermaßen der „Porsche der Meere".
Solvin Zankl

Seiten 10/11:
Küste von Barrika
Strand von Atxabiribil, Golf von Biscaya, Spanien
Die geballte Kraft des Meeres hat diese Steinformationen zu drachenartigen Schuppen geschliffen, die ihre ganze Schönheit erst bei Ebbe offenbaren.
Verena Popp-Hackner

Antike Tierkunst

Seiten 18/19:
Gemeiner Krake
Octopus vulgaris
Herculaneum, Italien
Das Mosaik in der antiken römischen Stadt, die beim Ausbruch des Vesuv 79 n. Chr. untergegangen ist, zeigt diesen Kraken.

Seiten 22/23:
Atlantischer Lachs
Salmo salar
Alta, Finnmark, Norwegen
Felsbilder oder Felszeichnungen, 4000 bis 500 v. Chr.

Seiten 64/65:
Reiher
Ardeidae
Spanien
Ein stolzer Reiher, detailreich dargestellt auf einem römischen Mosaik. Die Überreste einer alten römischen Stadt liegen im heutigen Santiponce in Spanien, etwa neun Kilometer nördlich von Sevilla.

Seiten 106/107:
Delfine
Delphinidae
Kreta, Griechenland
Delfinfresko in der Badehalle im Palast von Knossos, entstanden zwischen 1400 und 1800 v. Chr.

Seiten 148/149:
Fliegender Fisch
Exocoetidae
Phylakopi, Kykladeninsel Milos, Griechenland
Fliegender Fisch auf einem Fresko aus der Bronzezeit.

Seiten 188/189:
Schwertwal
Orcinus orca
Søbstad, Møre, Norwegen
Bereits Jäger und Sammler meißelten dieses Bild von einer trächtigen Walkuh in den Fels.

NATIONAL GEOGRAPHIC

EUROPAS WILDE WASSER

MEERE, KÜSTEN, SEEN UND STRÖME

MAGNUS LUNDGREN FLORIAN MÖLLERS STAFFAN WIDSTRAND BRIDGET WIJNBERG

Atlantischer Fleckendelfin
Stenella frontalis
Pico, Azoren, Portugal
Der Atlantische Fleckendelfin ist ein Sommergast vor den Azoren. Er gehört im Umgang mit Menschen zu den geselligsten Walen und reitet verspielt oft stundenlang in Bugwellen mit.
Magnus Lundgren

Inhalt

Vorwort

Der hauchdünne Film, mit dem ein Wassertropfen eine Orange bedecken würde, verdeutlicht in etwa, wie wenig Wasser es auf der Erde tatsächlich gibt. Die gesamte Wassermenge in den Ozeanen, Flüssen, Seen und im Eis, ist im Vergleich zur Landmasse äußerst gering. Wir leben in einem fragilen Gleichgewicht.

Unser Planet wurde nicht bewohnbar „geboren". Über Äonen kämpfte das Leben, eine Sauerstoffblase nach der anderen, darum, eine Ozonschicht gegen die vernichtenden Strahlen der Sonne auszubilden. Frühe Lebensformen haben eine Atmosphäre geschaffen, in der wir überleben können. Bis heute produzieren Wälder die eine Hälfte des Sauerstoffs, den wir atmen, und Mikroorganismen an der Oberfläche der Ozeane den anderen Teil.

Im Laufe dieses langwierigen Prozesses hat das Leben immer mehr an Formen- und Farbenvielfalt gewonnen. Jeder Grashalm, jedes Blatt, jedes Insekt, jeder Wal ist das Ergebnis von Milliarden Jahren des Ausprobierens und Verfeinerns durch die Natur. Möglicherweise sind wir die einzige Spezies, die all dies zu begreifen vermag. Wir sind wahre Wunder der Natur, von unserer komplexen Zellstruktur bis zu unserem Denken, unserer Kreativität, unserer Fantasie und unserem Vermögen, in die Zukunft zu schauen.

Wenn wir auch glauben, wir hätten uns von den Naturgesetzen befreit, durch Entdeckungen wie Medizin, Rechtsprechung oder Ethik, so haben wir darüber vergessen, den Preis für diese Emanzipation zu zahlen. Wir haben vergessen, unserem eigenen Wildwuchs ein Limit zu setzen.

Sieben Milliarden Menschen auf Erden, und jeder Einzelne verbraucht mehr und mehr Ressourcen. Als Folge dezimieren wir die natürlichen Rohstoffvorräte und nehmen unserem Planeten seine ureigene Fähigkeit, unser Leben zu erhalten. Wir zerstören das Vermächtnis des Lebens, dessen jüngste Erfindung wir sind.

Wenn Sie dieses Buch lesen und all die wundervollen Geschöpfe betrachten, so machen Sie sich bewusst, dass sie das Gerüst genau jenes ursprünglichen Systems sind, das uns am Leben erhält. Öffnen Sie Ihren Geist und Ihr Herz für unsere Verantwortung, all dies zu bewahren.

PY Cousteau

Pierre-Yves Cousteau
Präsident der COUSTEAU DIVERS

Seeadler und Mantelmöwe
Haliaeetus albicilla, Larus marinus
Flatanger, Norwegen
Seeadler sind große, kräftige Jäger, die aber durchaus Fischottern und anderen Vögeln ihre Beute abnehmen. Im Winter ernähren sie sich in erster Linie von Aas.
Staffan Widstrand

Europas Wasserwelten

Am Meer zu verweilen, an einem Fluss oder See ist für die meisten von uns unweigerlich mit einem Glücksgefühl verbunden. Wir verbringen einen Teil unserer freien Zeit am Wasser, angeln, segeln, schnorcheln oder tauchen, fahren Kajak oder schwimmen im erfrischenden Nass. Fast überall sind Gewässer geradezu magische Orte, an denen der Mensch sich im Einklang fühlt mit sich selbst und der Natur.

Es mag daran liegen, dass Wasser gleichbedeutend ist mit Leben und das Meer die Wiege unseres Daseins. Blickt man aus dem All hinunter auf die Erde, erkennt man sogleich, dass wir auf einem „Blauen Planeten" leben. 71 Prozent der Erdoberfläche sind mit Wasser bedeckt, das in verschiedensten Formen und Lebensräumen vorkommt: in eiskalten Gletschern, glasklaren Quellen, in gewaltigen Flüssen und Süßwasserseen, in salzigen Seen und tiefblauen Ozeanen. Und nicht zu vergessen die darin eingebetteten Feuchtgebiete wie Mündungen, Sümpfe und Feuchtwiesen.

Der Bildband feiert die Gewässer Europas, diesen bestaunenswerten, ungewöhnlichen und span-

Längsstreifen-Schleimfisch
Parablennius rouxi
Meeresreservat Larvotto, Monaco
Dieser neugierige, kleine Schleimfisch findet Unterschlupf in einem Schwamm, der sich passgenau um seinen länglichen Körper schmiegt. Larvotto wurde erst 1976 unter Schutz gestellt, beheimatet aber bereits eine große Zahl mariner Arten.
Franco Banfi

nenden Teil unseres europäischen Naturerbes. Er würdigt die Tatsache, dass unsere Ozeane, Meere, Seen und Flüsse nach wie vor Bestand haben.
Die vielen perfekt angepassten Arten haben sich, den Eingriffen der Menschen zum Trotz, in ihren Lebensräumen behauptet. Unsere Erde besteht bis heute in all ihrer Schönheit. Dafür möchten wir Ihnen die Augen öffnen. Gleichwohl blicken wir der Realität ins Auge und wissen, dass das Meer nicht endlos ist, seine Reichtümer nicht unerschöpflich. Dieses Buch soll auch unserer Besorgnis darüber Ausdruck geben, dass die Bestände wichtiger europäischer Arten bedroht sind. Die Menschheit hat gerade erst begonnen zu verstehen, wie überaus wertvoll sauberes und frisches Wasser voller gesunder Lebewesen ist. Wir müssen unsere Lebensweise ändern und handeln. Jetzt.

Für die meisten von uns sind diese Welten unbekannt. Genau darum haben wir Augenzeugen losgeschickt, tief hinein in die Wasserwelten Europas. Mitgebracht haben sie fantastische Bilder. Sehen Sie selbst.
Ungesehen, unerwartet, unvergesslich …

Flüsse

Braune Blätter, Schutt und Geröll: Die Überreste eines langen Winters treiben den Fluss hinab, während ein Schwarm Atlantischer Lachse flussaufwärts zieht. Ihre stromlinienförmigen Körper glänzen wie polierter Stahl. Das offene Meer haben sie erst vor ein paar Tagen verlassen, nach einer langen Reise von mehreren tausend Kilometern, die in ihren Nahrungsgründen vor der grönländischen Küste begann. Aber damit nicht genug: Die eigentliche Prüfung steht ihnen noch bevor. Das Frühjahrshochwasser spült immer mehr Wasser aus Bächen und Rinnsalen in den Fluss – wie kleine Adern, welche die Hauptschlagader mit Leben erfüllen –, daher kämpfen die Lachse mit wachsender Strömung und reißenden Stromschnellen. Angetrieben von der Bestimmung, ihr Erbgut weiterzugeben, ringen sie mit den Elementen, um den Ort ihrer Geburt wiederzufinden. Das von den Bergen herabfließende Wasser, die Waldbäche und großen Flüsse verbinden das Land mit den tiefblauen Meeren. Und das uralte Ritual der Atlantischen Lachse, die vom Meer zurückkehren, bekräftigt diese Verbindung in entgegengesetzter Richtung.

Mensch und Fluss

Flüsse sind wie Förderbänder, die für den Abfluss von Regen, Hagel oder Schnee sorgen. Sie speisen sich außerdem aus Grundwasser, Quellen und schmelzendem Eis. Ihr Wasser fließt zum Meer, in einen See oder einen anderen Fluss. Die Kräfte, die dabei wirken, haben den Menschen schon immer fasziniert. Das zeigt sich in einer Vielzahl von religiösen und mythischen Metaphern über die Leben spendenden Eigenschaften von Flüssen, Kraft und Tod. Historisch betrachtet, siedelte der Mensch bevorzugt an Flüssen, boten sie doch Trinkwasser, Wasser zur Bewässerung der Felder und Nahrung. Heute steht ihr Erholungswert an erster Stelle; wir freuen uns, wenn wir in einem Fluss baden, angeln oder an seinem Ufer entspannen können.

Flüsse dienten vor Tausenden von Jahren als Wasserstraßen, um die Welt zu erkunden oder um Waren und Güter zwischen den Regionen auszutauschen. Bis heute werden sie für einen effizienten Transport genutzt. In den dicht bewaldeten Regionen Skandinaviens flößen Holzfäller seit eh und je schwere Baumstämme zur Weiterverarbeitung flussabwärts. Als sich die politische Landkarte in Europa formierte, bildeten Flüsse die natürlichen Grenzen eines Landes. Die Donau begrenzte lange Zeit das Römische Reich; heute markiert sie den Großteil der Grenze zwischen Bulgarien und Rumänien.

Auch die Strömungsenergie des fließenden Wassers hat sich der Mensch zunutze gemacht. Überall in Europa dienten Wassermühlen dazu, Getreide zu mahlen oder Wolle und Holz zu verarbeiten. In den 1890er-Jahren wurden die ersten Maschinen entwickelt, um aus dem Wasser von Flüssen Strom zu gewinnen. Heute erlebt die Wasserkraft einen Boom, insbesondere in niederschlagsreichen Gebirgsregionen in Schweden, Norwegen, Österreich und der Schweiz. Norwegen hat im Jahr 2010 über 98 Prozent seines Stroms aus Flüssen erzeugt; weltweit wurden im selben Jahr 3 427 Terawattstunden produziert, das sind 16,1 Prozent der gesamten Stromproduktion.

Der Kreislauf des Wassers

Wasser ist von fundamentaler Bedeutung für jede Form von Leben und eine der reichsten Ressourcen unseres Planeten. 71 Prozent der

Ein Otter verspeist einen erbeuteten Aal
Lutra lutra
Ästuar des Tweed, Northumberland, England
Sowohl der Fischotter als auch der Aal sind stark gefährdet durch Jagd, Wasserverschmutzung und die Begradigung von Flüssen. Während die Bestände des Aals um 99 Prozent geschrumpft sind, kehrt sein Fressfeind langsam zurück.
Laurie Campbell

Folgende Seiten:
Slowenische Flussaue
Ljubljanica, Slowenien
Von der Steinzeit bis in die Renaissance war der slowenische Fluss Ljubljanica (Laibach) für die Anwohner ein bedeutender spiritueller und religiöser Ort. Davon zeugen die vielen Artefakte, die im Flussbecken gefunden wurden.
Arne Hodalič

Seiten 28/29:
Fluss in den Beskiden
Sine-Wiry-Schutzgebiet, Karpaten, Polen
Nur in den entlegensten Winkeln Europas, wie hier im südöstlichen Polen, wurden kleinere Wasserläufe nicht eingedämmt oder anderweitig verändert.
Grzegorz Leśniewski

Erdoberfläche sind von Wasser bedeckt, weshalb die Erde als der Blaue Planet im Sonnensystem gilt. Doch von diesem riesigen Vorkommen sind nur 2,5 Prozent Süßwasser, und 99 Prozent davon sind nahezu unzugänglich, gefroren in Eisschilden und Gletschern oder sie fließen unterirdisch. Nur 0,3 Prozent des Süßwassers befindet sich in Flüssen, Seen und in der Atmosphäre. Das rasante Bevölkerungswachstum führt dazu, dass unsere begrenzten Süßwasserreserven immer größeren Belastungen ausgesetzt sind. Für viele von uns ist sauberes Trinkwasser eine Selbstverständlichkeit. Tatsächlich aber fehlt es mehr als 1,1 Milliarden Menschen. Die Erhaltung der Süßwasserressourcen ist somit eine der größten Herausforderungen unserer Zeit.

Doch woher kommt das Wasser? Nach allgemeiner Überzeugung stammt es von Einschlägen wasserreicher Meteoriten auf die Erde. Die Frage, woher das Wasser für unsere tägliche Versorgung kommt, lässt sich viel einfacher beantworten. Es befindet sich im sogenannten hydrologischen Kreislauf, der die vorhandenen Wasservorräte der Erde ständig regeneriert. Wir können uns den hydrologischen Kreislauf vorstellen als ein globales Wasserreinigungssystem. Die Moleküle in einem Glas Wasser, das Sie trinken, wurden vielleicht einmal von den Wurzeln einer Weide aufgenommen oder von einem Hecht geschluckt oder waren jahrtausendelang in der Arktis gefroren.

Wie in jedem Kreislauf gibt es auch in diesem keinen Anfangspunkt. Die Sonne wirkt als ewiger Motor, der das Wasser aufheizt und in Form von sauberem Dampf in die Atmosphäre leitet. Der Wind hilft, feuchte Luftmassen zu bewegen und sie über warme Landmassen zu treiben. Mit zunehmender Höhe kühlt die aufsteigende Luft ab, sodass sich Wolken aus feinen Wassertröpfchen bilden. Der Wasserdampf kondensiert, die Tropfen werden größer und schwerer, bis sie schließlich als Regen oder Schnee zur Erde zurückfallen. Am längsten ist das Wasser in den großen Eisschilden der Antarktis gebunden, das mit 800 000 Jahren den Altersrekord hält. Ein weiterer „langsamer Wasserspeicher" ist das tiefe Grundwasser, das mehr als 10 000 Jahre unter der Erde bleiben kann. In großen Ozeanen verweilt das Wasser rund 3 200 Jahre, in Seen etwa 100 Jahre. Schnellere Wasserreservoire sind Flüsse oder saisonale Schneedecken, in denen das Wasser zwei bis sechs Monate bleibt. In der Atmosphäre sind es nur etwa neun Tage, bevor das Wasser kondensiert und als Regen oder Schnee zur Erde zurückkehrt.

Am Bach der Maifliegen

Anfang Juni steigen die Nymphen der Maifliegen zur Oberfläche auf und beenden damit ihr relativ langes aquatisches Leben. Während

Eisvogel
Alcedo atthis
Plattensee, Balatonfűzfő, Veszprem, Ungarn
Schneller, als Sie „Eisvogel" sagen können, taucht dieser ins Wasser, spießt die Beute auf und fliegt zu seiner Ansitzwarte zurück.
László Novák

Folgende Seiten:
Wasserfall in Plitvice
Galovac-Wasserfall, Plitvice-Nationalpark, Kroatien
Unzählige Wasserfälle sowie alte, unberührte Wälder schaffen eine geradezu märchenhafte Atmosphäre, die das ganze Jahr über Besucher anlockt.
Maurizio Biancarelli

Seiten 34/35:
Spinnennetz mit Tau
Naturpark Haut Languedoc, Caroux, Frankreich
Europas Verantwortung für sauberes Wasser ist groß: einem Eigenvorrat von acht Prozent der weltweiten Trinkwasservorräte stehen in Europa bald 13 Prozent Bedarf gegenüber (sofern die Vorhersage für das Bevölkerungswachstum zutrifft).
Ingo Arndt

der gefahrvollen Verwandlung in ein fliegendes Insekt ertrinken viele von ihnen oder enden als Nahrung von Fischen oder Vögeln. Der Bach ist Lebensraum für eine Population der Großen Maifliege (auch Dänische Maiflige genannt, *Ephemera danica*), die in dichten Schwärmen knapp über der Wasseroberfläche tanzt. Nach dem Aufstieg der Larven an die Oberfläche verwandeln sie sich in geschlechtsreife, flugfähige Insekten, die nach wenigen Stunden noch eine letzte Häutung zum ausgewachsenen Tier durchlaufen. Sogar diese Verwandlung geschieht im Flug und macht den Entwicklungszyklus der Maifliegen damit einzigartig unter den Insekten.

Während dieser Tage des massenhaften Schlüpfens von Maifliegen erfüllt sich der Fluss mit schwirrendem Leben. In den Kehrwassern steigen unablässig Bachforellen auf, um nach den Insekten zu schnappen. Im seichten Wasser jagen Schwärme von Dreistacheligen Stichlingen nach Maifliegen. Die Bachforellen, die natürlichen Feinde der Stichlinge, scheinen beim Maifliegen-Fest alles andere zu vergessen. Der spektakulärste Schlupf von Maifliegen findet in Europa in Ungarn statt, an einem Fluss namens Theiß. Anfang Juni beginnt dieses einmalige Naturschauspiel, das auch als „Theißblüte" bekannt ist. Nach drei Jahren im schlammigen Sediment des Flusses steigen Abermillionen Larven von Europas größter Maifliege zur Oberfläche auf, um sich zu häuten, zu paaren und zu sterben – in einer einzigen hektischen Stunde. Zeit ist kostbar für *Palingenia longicauda*, die unmittelbar die Verwandlung in ein zwölf Zentimeter langes, geschlechtsreifes Subimago vollzieht. Die Männchen sterben direkt nach der Paarung. Die Weibchen starten zu ihrem Hochzeitsflug, legen zwei bis drei Kilometer stromauf ihre Eier ab und sterben, noch während ihre Eier mit der Strömung zurücktreiben, um nahezu dort auf den Grund des Flusses zu sinken, wo die Elterngeneration nur eine Stunde zuvor aus ihrer Larvenhaut geschlüpft ist.

Der König der Fische

Mühelos stehen sie in einem tosenden Fluss in Norwegen, wie Könige in silberner Rüstung. Atlantische Lachse sind eine Symbol für saubere, ökologisch intakte Flüsse. Die umliegenden Berge bringen jede Menge Regen, und über die steilen Felshänge sprudeln zahlreiche kurze Wasserläufe in Richtung Meer. Über Jahrmillionen hat diese Art eine Vielzahl an Stämmen entwickelt, die einzigartig für den Fluss ihrer Geburt sind. Sie haben sich in spezifischer Weise an das Nahrungsangebot, das Strömungsverhalten und die Wasserqualität dieses einen Flusses angepasst.

Wegen seiner unbändigen Muskelkraft gilt der Lachs in Anglerkreisen als überaus starker Kämpfer. Der „König der Fische", wie er

Schwarzstorch mit Barsch
Ciconia nigra
Elbe, Deutschland
Schwarzstörche, Graureiher, Silberreiher und viele andere Tiere leben vom Fischreichtum in Überschwemmungsgebieten und in den Altarmen, die gegen Ende des Sommers austrocknen.
Dieter Damschen

Folgende Seiten:
Äschen beim Ablaichen
Thymallus thymallus
Thunersee, Schweiz
Dammbauten, Lebensraumverlust und der Fraßdruck durch Kormorane und Gänsesäger sorgen dafür, dass die Äsche auf den Roten Listen der gefährdeten Arten in Mitteleuropa einen der vorderen Plätze belegt.
Michel Roggo

genannt wird, erreicht eine Länge von bis zu 1,5 Metern. Sein Lebenszyklus ist auch heute noch weitgehend ein Rätsel. Er beginnt mit dem Schlüpfen, mitten hinein in die rauen Wasser des Flusses, wo allerlei Gefahren auf die Junglachse lauern – Strudel sowie hungrige Forellen und Vögel. 40 Prozent werden gefressen, noch bevor sie den Fluss verlassen können. Sofern sie die ersten Jahre überlebt haben, wandern die Junglachse ins offene Meer. Während ihrer Wanderung fressen sie unablässig und erreichen schließlich den Nordatlantik nahe Grönland und Island, wo sie dank des überbordenden Nahrungsangebots an arktischen Tintenfischen, Krebstieren, Garnelen und Heringen rasch heranwachsen. Während ihrer Jahre im Meer müssen sie Beutegreifern wie Robben, Delfinen, Grönlandhaien, Dorschen, Heilbutt entkommen – und auch den Netzen der Fischereiflotten. Schließlich treten sie ihre abenteuerliche Wanderung an, durch den gesamten Atlantischen Ozean zurück bis in ihren Geburtsfluss.

Soweit man weiß, verdankt der Lachs seine präzise Navigation einem Magnet- oder Solarkompass. Kommt er in die Nähe seines Heimatgewässers, lässt er sich vom Geruchssinn leiten und folgt seiner Nase, die ihn bis zur Mündung des Geburtsflusses führt. Die meisten Lachse kehren im Frühjahr oder Frühsommer in ihren Fluss zurück. Im Meer haben sie sich enorme Fettreserven angefressen, um nun den Aufstieg gegen den Strom bis in ihre Laichgebiete bewältigen zu können. Im Süßwasser angekommen, fressen die Tiere nicht mehr und verändern ihr Aussehen beträchtlich. Zu Beginn der Laichzeit im Herbst sehen die Männchen aus, als würden sie einer anderen Art angehören: Am Unterkiefer haben sie einen sogenannten Laichhaken, ihr Rücken ist bucklig und der dunkle Körper mit markanten roten und gelben Punkten versehen. Der Atlantische Lachs gehört zu den wenigen Lachsarten, die nach dem Ablaichen ins Meer zurückkehren und den Wander- und Laichzyklus mehrere Male wiederholen können. Da dies aber für jedes einzelne Tier große körperliche Strapazen bedeutet, sind wiederholte Wanderungen und Laichakte eher die Ausnahme als die Norm.

Einige Männchen verfolgen eine ungewöhnliche Paarungsstrategie, die „sneaker strategy". Die meisten Männchen kehren nach ihrem Aufenthalt im Meer groß und stark in ihren Fluss zurück und kämpfen um das Recht, die Eier eines Weibchens zu besamen. Einige Männchen jedoch nähern sich einem Weibchen als sogenannte „Sneaker" (Anschleicher). Nach nur einem bis drei Jahren im Fluss erreicht ein „Sneaker" die Geschlechtsreife. Seine Fortpflanzungsstrategie zielt darauf ab, den Kampf um ein Weibchen zu umgehen und sich stattdessen an ein laichendes Paar heranzuschleichen. Wenn ein ausgewachsenes Männchen etwa gerade einen Rivalen vertreibt, nutzt der „Sneaker" die Gunst des Augenblicks, um seinen

Theiß-Eintagsfliege
Palingenia longicauda
Theiß, Ungarn
Nach dem Aushärten der Flügel wird diese Maifliege mit Millionen von Artgenossen zum Hochzeitsflug ausschwärmen. Damit beginnt ein spektakuläres Naturschauspiel: die „Theißblüte".
Milán Radisics

Atlantischer Lachs (Weibchen)
Salmo salar
Orkla, Norwegen
Der „König der Fische" ist in vielen europäischen Flüssen lohnendes Ziel der Sportfischer. Der Ertrag für die örtlichen Kommunen ist bis zu tausendmal höher als bei der traditionellen Fischerei.
Magnus Lundgren

Folgende Seiten:
Flamingoparade
Phoenicopterus roseus
Camargue, Frankreich
Der Mittelmeerraum zeichnet sich nicht zuletzt dank der Ästuare der Rhône sowie des Guadalquivir in Spanien durch eine beeindruckende Artenvielfalt aus. Der Flamingo gehört zu den auffälligsten und schönsten Beispielen.
Theo Allofs

Seiten 44/45:
Libelle, abstrakt
Gomphus vulgatissimus
Großer Prespasee, Mazedonien
Seit mehr als 200 Millionen Jahren schwirren die wendigen Jäger der Lüfte auf unserer Erde umher. In den aquatischen Lebensräumen Europas finden sie reichlich Beute-Insekten.
David Maitland

Samen über den Eiern zu verteilen. Das „Sneaker"-Verhalten stärkt die genetische Stabilität der Lachspopulationen kleiner Flüsse besonders dann, wenn die Tiere in ihrem Bestand bedroht sind.

Ruhig und mächtig

Vielleicht war Johann Strauß ein wenig farbenblind, denn die Donau ist nicht wirklich blau, und es ist zweifelhaft, dass sie es jemals war. Dennoch gehört sein Walzer „An der schönen blauen Donau" bis heute zu den berühmtesten Werken der klassischen Musik. Sogar Stanley Kubrick hat ihn für seinen Science-Fiction-Film „2001 – Odyssee im Weltraum" verwendet. Die Donau ist der zweitgrößte Fluss Europas und ein großartiges Beispiel für die gemächlich fließenden, großen Ströme Mitteleuropas. Wolga, Donau und Dnepr, die drei größten europäischen Flüsse, entspringen jeweils tief im Innern des europäischen Kontinents und entwässern insgesamt rund ein Viertel der kontinentalen Fläche. Die Donau, die im Schwarzwald entspringt, fließt fast 2900 Kilometer nach Osten. Nicht weniger als zehn europäische Länder und vier Hauptstädte (Wien, Bratislava, Budapest und Belgrad) säumen die Ufer dieses langen Stroms.

Die Donau mündet ins Schwarze Meer, über ein ausgedehntes und weitverzweigtes Delta, das größtenteils in Rumänien liegt. Es gehört zu den am besten erhaltenen in Europa und wurde 1991 zum Unesco-Weltnaturerbe erklärt. Mit einer Fläche von 4152 Quadratkilometern ist es nach dem Wolgadelta das zweitgrößte in Europa. Die stete Ablagerung von Sedimenten an der Mündung hat eine fantastische Vielfalt an Ökosystemen entstehen lassen: Seen, Weiher, Flüsse, Kanäle, Röhrichte, schwimmende Inseln und Auwälder. Sie beherbergen mehr als 160 Fischarten. Karpfen, Wels, Hecht und Zander konkurrieren hier um Nahrung. Alle fünf im Donaudelta überlebenden Störarten gelten als „höchst gefährdet" oder „vom Aussterben bedroht". Der Beluga-Stör oder Europäische Stör soll vor wenigen Jahren noch die Länge eines Kleinbusses erreicht haben: 7,2 Meter. Dieser erstaunliche Fisch wanderte früher die Donau stromauf bis nach Deutschland. Doch der Bau von Wehren und Staudämmen, die Trockenlegung von Flussauen sowie die Überfischung vor allem zur Kaviargewinnung haben seine Bestände fast vollständig ausgerottet. Der WWF hat einen „Aktionsplan zum Schutz der Donaustöre" erstellt, um die Störe und ihre Lebensräume zu retten.

Das Donaudelta liegt im Schnittpunkt etlicher Vogelzugrouten und wirkt wie ein Magnet auf Löffler, Reiher, Sichler, Gänse, Eisvögel, Spechte und Pelikane. Jeden Sommer werden über 320 Vogelarten gesichtet, rund eine Million Vögel überwintern hier. Auch Säugetiere profitieren davon und jagen entlang der Ufer des Deltas. Der vom

Stein in Stromschnelle
Tolminka, Triglav-Nationalpark, Slowenien
70 Prozent der weltweiten Wasserressourcen werden bereits heute für Landwirtschaft und Nahrungsmittelproduktion genutzt. Diese Zahl wird bis zum Jahr 2050 erheblich steigen, wenn wie prognostiziert neun Milliarden Menschen auf der Erde leben.
Daniel Zupanc

Grottenolm
Proteus anguinus
Divje-Jezero-See, Idrija, Slowenien
Nackt und blind, mit außen liegenden Kiemen und der Fähigkeit, monatelang ohne Nahrung auszukommen, ist der Grottenolm ein erstaunliches Tier. Er lebt in den unterirdischen Karstgewässern des Balkans.
Arne Hodalič

«Ich erkenne die Freude der Fische aus meiner Freude beim Wandern am Fluss.»

Zhuangzi, Chinesischer Philosoph und Dichter (Um 365 v. Chr. bis 290 v. Chr.)

Lachsbrütling
Salmo salar
Orkla, Norwegen
Es wird Jahre und eine Wanderung von Tausenden Kilometern brauchen, bis dieser Junglachs genug Kraftreserven angesammelt hat, um in sein Heimatgewässer zurückzukehren.
Magnus Lundgren

Folgende Seiten:
Rosapelikan bei Sonnenuntergang
Pelecanus onocrotalus
Donaudelta, Rumänien
Die seichten, nährstoffreichen Wasser der Röhrichte, Sümpfe und Auwälder sind wichtige Brutgebiete und Nahrungsgründe für gefährdete Wasservögel Europas.
Manuel Presti

Seiten 52/53:
Europäischer Nerz
Mustela lutreola
Saarland
Wissenschaftler befürchten, dass dieses stark bedrohte Säugetier in 20 Jahren ausgestorben sein wird. Artenschutzprogramme in Deutschland und Spanien sollen dem entgegenwirken.
Florian Möllers

Aussterben bedrohte Europäische Nerz findet hier eines seiner letzten Rückzugsgebiete. Lebensraumverlust, das Fallenstellen, der Rückgang der Flusskrebspopulationen und die Zunahme der Amerikanischen Minks, die aus Pelztierfarmen freigesetzt wurden, machen dem semiaquatischen Säugetier das Leben schwer. Es ist schon ein wenig überraschend, dass ein Strom, der zehn europäische Länder durchfließt, erst am Schwarzen Meer zu einem Hot Spot der Artenvielfalt Europas wird.

Schutz der Fließgewässer

Bedauerlicherweise gehören Süßwassersysteme zu den am meisten bedrohten Ökosystemen der Erde. Heute befinden sich lediglich 20 Prozent der Flüsse und Überschwemmungsgebiete Europas in natürlichem Zustand. Und die wenigen, noch unberührten Fließgewässer überdauern in äußerst entlegenen Regionen. Flüsse und Wasserläufe werden ständig verändert, um den Bedürfnissen des Menschen zu genügen – mit unterschiedlichen Folgen. Dass schnelles Handeln dringend geboten ist, macht eine Studie der Europäischen Umweltagentur EEA (European Environment Agency) deutlich, wonach im Jahr 2009 nur 15 Prozent der untersuchten Süßwasserlebensräume in einem guten ökologischen Zustand waren.

Weltweit werden heute 50 Prozent der großen Flüsse durch Dämme gestaut, um Strom zu gewinnen und Wasser zur Bewässerung in der Landwirtschaft zu speichern. Sie erschweren ausgewachsenen Fischen die Wanderung stromauf und Jungfischen das Wandern stromab. Sie machen es lokalen Fischpopulationen unmöglich, sich ungehindert durch den Fluss zu bewegen, Fressfeinden zu entkommen, Nahrung zu suchen oder Unterschlupf und Laichgründe zu finden. Geeignete Fischtreppen können die Folgen zwar mindern, tatsächlich aber verfügt nur ein kleiner Prozentsatz aller Dämme über eine gut funktionierende Fischpassage.

Eines von vielen Beispielen, das dringend der Unterstützung durch die Öffentlichkeit bedarf, ist das Gebiet des Kopački Rit. Die kroatische Wasserwirtschaftsbehörde will die Donau dort kanalisieren – eine immense Gefahr für einzigartige Feuchtbiotope und für Europas größte und besterhaltene Auwaldgebiete mit 300 Vogelarten. Davon wäre auch die Kernzone des geplanten grenzüberschreitenden Unesco-Biosphärenreservats Mur-Drau-Donau betroffen, dem „Amazonas Europas". Nach Angaben der kroatischen Behörden sollen die Begradigungen die Schifffahrt erleichtern. «Wenn wir die einmalige Natur der Donau erhalten wollen, müssen wir die Schiffe dem Fluss anpassen, nicht den Fluss den Schiffen», sagt dagegen Arno Mohl, internationaler Süßwasserexperte des WWF.

Nil-Weichschildkröte
Trionyx triunguis
Dalyan-Delta, Türkei
Mit mehr als einem Meter Länge bietet eine erwachsene Weichschildkröte einen imponierenden Anblick – sofern man überhaupt eine zu sehen bekommt, denn in den Flüssen der Mittelmeerregion ist sie höchst selten geworden.
Solvin Zankl

Europäischer Wels
Silurus glanis
Ebro, Spanien
Dieser Riese in den europäischen Gewässern wird mehr als drei Meter lang. Er jagt vorzugsweise zwischen Abend- und Morgendämmerung und spürt seine Beute mit den hochsensiblen Barteln auf, die sich rund um sein Maul befinden.
Michel Roggo

Folgende Seiten:
Kragenente (Erpel)
Histrionicus histrionicus
Laxá, Mývatn, Island
Die Kragenente brütet an schnell fließenden Gewässern des Nordens. Das Bild zeigt einen farbenprächtigen Erpel, der an einem Zufluss in den Mývatn (Mückensee) rastet.
Orsolya Haarberg

Seiten 58/59:
Selfoss
Jökulsárgljúfur-Nationalpark, Island
Der Selfoss, der sich aus abschmelzendem Gletscherwasser speist, ist der wohl schönste Wasserfall in Island. Wenige hundert Meter unterhalb liegt der Dettifoss. Er stürzt 44 Meter in die Tiefe und gilt als der wasserreichste Wasserfall Europas.
Orsolya Haarberg

Eine Bachforelle auf der Jagd
Salmo trutta, Götene, Schweden
Eine scheue Forelle verlässt ihren sicheren dunklen Einstand im Fluss und steigt zur Oberfläche, wo eine frisch geschlüpfte Eintagsfliege ihre Flügel trocknet. In dem Moment, wo die Eintagsfliege zum Abflug ansetzt, schließen sich die Kiefer der Forelle um ihre Beute.
Martin Falklind

Hinter der Kamera

Von Martin Falklind

Meerforelle *(Salmo trutta)* **und Bachforelle** *(Salmo trutta)*
Bornholm, Dänemark [Breitengrad 55° 08' 06'' Nord, Längengrad 14° 43' 33'' Ost]
Götene, Schweden [Breitengrad 58° 27' 35'' Nord, Längengrad 13° 29' 26'' Ost]

Kälte und Feuchtigkeit durchdringen langsam meine Kleidung, und es fällt mir immer schwerer, mich auf das rauschende Wasser zu konzentrieren. Ich habe fast den ganzen Tag auf dem felsigen Vorsprung verbracht. Heute Morgen habe ich ein einziges Mal eine Bewegung in der weißen Gischt bemerkt. Ein Fisch versucht, an den Stromschnellen vorbeizuschwimmen. Er macht einige Sprünge, aber ich bediene den Auslöser jedes Mal zu spät. Auf den Bildern sind nichts als Spritzer zu sehen.

Geduld ist das A und O, das wusste ich seit meiner Kindheit vom Angeln. Man muss sich wirklich die Zeit nehmen, um zu beobachten, wie sich Fische und andere Lebewesen in ihrer Umgebung verhalten und interagieren. Und man muss lernen, das Warten auf den richtigen Moment genießen zu können. Jetzt aber spüre ich, wie mir die Geduld ausgeht, und so verlasse ich den Felsen ohne ein einziges zufrieden stellendes Foto.

Ein paar Wochen später schauen meine Kinder und ich zum x-ten Male den „Herr der Ringe". Und da sehe ich ihn wieder, meinen neuen Helden! Dieser tragischen Figur sind im Laufe des Films nur einige Glücksmomente vergönnt. Nämlich dann, wenn er in einem kalten und nassen Bach herumschleicht und mit bloßen Händen Forellen fängt. Seine Reaktionen sind blitzschnell, und er ist glücklich.

Ich werde sein wie Gollum!

Meine Kinder und Lebenspartnerin sind von meinem neuen Alter Ego weniger begeistert. Aber es funktioniert gut. Gollums Leidenschaft für Wasser färbt auf mich ab.

Einige Tage später ist es auch schon wieder Zeit für meinen Goretex-Overall. Es ist Mitte November, die Lufttemperatur liegt bei null, die Wassertemperatur bei fünf Grad. Perfekte Bedingungen für Gollum, sage ich mir, als ich auf dem Bauch Richtung Bach rutsche. Ich habe die Bewegung einer Flosse dort draußen in der Strömung gesehen, in einem der vielen Bäche von Bornholm. Ich bin hier, um ein Naturwunder zu dokumentieren, die Laichwanderung der Meerforellen.

Wenn im Herbst das Wasser kälter wird, verlassen die Forellen das Meer und schwimmen stromauf in Flüsse und Bäche. Oft kehren sie zu ihrem Geburtsfluss zurück. Bevor sie mit ihren Körpern Laichgruben bauen, suchen die weiblichen Fische eine Stelle mit der richtigen Kiesbeschaffenheit und dem geeigneten Sauerstoffgehalt. Erst dann wählen sie einen Partner zur Besamung ihrer Eier aus. Die befruchteten Eier bleiben den ganzen Winter und Frühling über in den Laichgruben liegen, bis die Jungfische schlüpfen. Die kleinen Bäche bieten ihnen eine sichere und gedeihliche Umgebung, später versorgt die offene See die erwachsenen Fische mit ausreichend Nahrung.

Viele Bäche sind erstaunlich klein und flach, wenn man die Größe der Fische bedenkt. Einige dieser Schönheiten bringen fast zehn Kilo auf die Waage und stranden manchmal wie kleine Wale auf dem Grund. Nur wenige Menschen haben so etwas je gesehen,

Meerforelle auf der Laichwanderung, *Salmo trutta*
Blykobbe, Bornholm, Dänemark
Nur 20 Zentimeter vor meinem Fischaugenobjektiv vollendet ein großes Forellenweibchen die Laichgrube für ihre Eier im flachen Bach. Ihre Größe hat sie der reichhaltigen Nahrung im Meer zu verdanken. Auf der Suche nach Heringen und anderen Beutefischen legen ausgewachsene Meerforellen Strecken von bis zu 1000 Kilometern zurück, bevor sie zu ihren Laichgründen zurückkehren. **Martin Falklind**

Das kann lange dauern...
Stenungsund, Schweden
Der Ansitz kann sich hinziehen, aber mit viel Geduld und warmer Kleidung macht er auch Spaß. Ich erlebte einen besonderen Moment, als ich zum ersten Mal sah, wie einige Forellen an die Oberfläche kamen und die Stromschnelle taxierten, bevor sie ihren Sprung machten. **Anders Nicander**

und deshalb können auch nur wenige Menschen nachvollziehen, wie wichtig diese „kleinen bedeutungslosen Rinnsale" für das Leben im Meer sind.

Die Forellen von Bornholm können sich besonders glücklich schätzen. Sie haben ihre persönlichen Schutzengel in Form von Mitgliedern eines kleinen Angelklubs. Die bewahren sie vor illegalen Fischern und Umweltverschmutzung und sie verhindern den Bau von kleinen Kraftwerken. Es ist diesen begeisterten Naturschützern zu verdanken, dass Bornholm eine gesunde Population von Meerforellen aufweist.

Ich parke den Wagen bei einem Felsen direkt unter einem kleinen Wasserfall. Hinter mir höre ich gelegentliches Platschen. Ein wunderschönes rot gepunktetes Meerforellenweibchen ist dabei, eine Laichgrube anzulegen, während ein Männchen Eindringlinge verscheucht.

Plötzlich hält eine Forelle nur einige Meter von mir entfernt ihren Kopf aus dem Wasser. Kann es wahr sein? Hat sie sich tatsächlich an die Oberfläche begeben, um die Stromschnellen zu begutachten? Und dann kommt der Sprung – perfekt – einige Meter hoch über die Kuppe des Wasserfalls zwischen zwei großen kantigen Felsen hinweg. Verwundert reibe ich mir die Augen und sehe schon den nächsten Fisch auftauchen, um die Stromschnelle zu prüfen und kurz wieder abzutauchen. Und dann, nach ungefähr vier Sekunden – der Sprung. Auch dieser Fisch landet sicher zwischen den zwei gefährlichen Felsen. Plötzlich wird mir und Gollum klar, wie man die springenden Forellen am besten fotografiert. Jetzt wissen wir genau, wann man den Auslöser zu drücken hat. Eins, zwei, drei – klick!

Sechs Monate später kraxele ich durch eine enge Schlucht, die sich durch die Ebenen Mittelschwedens windet. Dieses Mal will ich eine Gruppe von flusslebenden Bachforellen fotografieren. Sie gehören derselben Art an wie die Meerforellen von Bornholm, führen aber ein komplett anderes Leben. Dort, im Schatten eines Baums, plätschert ein wunderschöner kleiner Fluss, der vor 25 Jahren beinahe tot war. Eine Gruppe von Naturliebhabern begann, den Fluss zu renaturieren, indem sie das Flussbett mit Kies und Steinblöcken füllte. Sie überzeugte die Landwirte der Umgebung davon, dass der Fluss ein lebendiger Organismus und kein Abwasserkanal ist. Inzwischen sind die Insekten, Vögel, Fische und anderen Lebewesen zurückgekehrt, zum Beispiel die Große Maifliege *(Ephemera danica)*. Im Laufe einiger perfekter Frühlingstage steigen die Eintagsfliegen zur Wasseroberfläche auf, wo sie voll beflügelt aus der Larvenhaut schlüpfen, sich paaren, Eier legen und dann sterben.

Derart vielen Versuchungen an der Wasseroberfläche können nicht einmal die scheusten Forellen widerstehen. Sie tauchen aus ihren Tagesverstecken auf, um die „Party" an der Wasseroberfläche aufzumischen, was mir wiederum die Gelegenheit gibt, sie dabei zu fotografieren. Der Wind lässt nach, und die Temperatur steigt. Die ersten Eintagsfliegen treiben auf der Wasseroberfläche. War das nicht ein weißer Fischbauch, der da im dunklen Gewässer direkt unter den Eintagsfliegen aufblitzte? Sieht ganz nach einem aufregenden Tag aus!

Seen

Seen sind wundervolle Orte der Entspannung, um Atem zu schöpfen und alle Sorgen für eine Weile zu vergessen. Vielleicht liegt es am Himmel, der sich in der glatten Oberfläche spiegelt. Oder am beeindruckenden Sturzflug des Fischadlers auf Beutefang, der mit vorgestreckten Fängen steil ins Wasser stößt. Oder an einem erfrischenden morgendlichen Bad in einem Seerosenteich, umgeben vom üppigen Grün des Waldes. Europa ist reich gesegnet mit buchstäblich Millionen von stillen Wassern. Und auch wenn die Wassermenge verglichen mit der des Meeres gering ist, bergen diese Süßgewässer eine unglaubliche Artenvielfalt. Entlang der europäischen Seeufer flattern Libellen wie kleine geflügelte Helikopter. Unter der Wasseroberfläche tummeln sich mächtige Welse, Karpfen und altertümliche Störe. Viele Süßwasserarten reagieren empfindlich auf eine sich verschlechternde Wasserqualität. Sie sind wahre Bio-Indikatoren, die uns sagen, wie es um den Zustand eines Gewässers und der benachbarten Ökosysteme bestellt ist. Wir müssen ihnen nur öfter einmal zuhören und die gebührende Beachtung schenken.

Wo die Sonne das Wasser küsst …

Der Nebel tanzt wie eine Fee in den morgendlichen Sonnenstrahlen, während ein Vater mit seinem Sohn in einem Holzboot über den ruhigen See rudert. Es ist ihr erster Angelausflug in diesem Jahr, und beide spüren das freudige Kribbeln, das sie über den langen Winter fast vergessen hatten. Der bittersüße Schrei eines Prachttauchers hallt über den See, während die beiden in ihren Kisten nach den Fischködern der letzten Saison wühlen. Was ihnen heute wohl an den Haken geht? Der See liegt ruhig da. So friedvoll, dass es fast scheint, als stünde die Erde oder die Zeit still. Ein langer und schöner Tag liegt vor den beiden. Im nahen Schilf wartet geduldig ein „Süßwasser-Barracuda" – ein stattlicher Hecht, der in diesem See lebt. Es ist ein Weibchen, eine betagte Dame, die weiß, dass sie nur zu warten braucht, bis ihr einer der unzähligen jungen Barsche in diesem Dickicht praktisch wie von selbst vors Maul schwimmt. Und warten, das kann sie.

Am Seeufer führt eine aufgeregte Schellente ihre siebenköpfige Kükenschar zum ersten Schwimmausflug ins Wasser. Gerade haben die Küken einen dramatischen Sprung von einem Baum in vier Metern Höhe gemeistert, wo sie in einer Schwarzspechthöhle geboren wurden. Die Schellente ist ein ausgezeichneter Taucher. Sie taucht mitunter bis zu acht Meter tief, um Fische, Schnecken und Krustentiere zu erbeuten. Heute aber hält sie sich mütterlich besorgt an der Wasseroberfläche, dicht umringt von ihrem Nachwuchs, sobald sie zu schwimmen aufhört. Der betagte Hecht bemerkt sofort die leichten Wellen, die die sieben kleinen Entlein mit den Füßen schlagen … und platsch! Da sind es nur noch sechs.

In frühester Zeit bereits, als der Mensch noch als Jäger und Sammler umherzog, schlug er gern sein Lager am Ufer eines Sees auf, da er viel Wasser und reiche Fischgründe bot. Später, als der Mensch als Bauer sesshaft wurde, nutzte er das Wasser zur Bewässerung seiner Felder. Nach und nach entwickelte er Systeme, um das Wasser zu speichern und die Versorgung mit Nahrungsmitteln zu verbessern. Heute schätzt der Mensch die vielen Seen und künstlich geschaffenen Gewässer vor allem als natürliche und bereichernde Erholungsräume, die auch für Tiere und Pflanzen wichtige Biotope sind. Ein See ist ein idealer Ort, um das Leben etwas ruhiger anzugehen und wieder ein Gefühl für unser natürliches Erbe zu bekommen.

Krauskopfpelikane
Pelecanus crispus
Kerkinisee, Griechenland
Leicht zu erkennen an seinen lockigen Nackenfedern, ist er der größte aller Pelikane und weltweit einer der schwersten flugfähigen Vögel. Eine der beiden größten Populationen brütet und überwintert im Osten Europas.
Jari Peltomäki

Folgende Seiten:
Lobelien-See
Vangså, Nationalpark Thy, Dänemark
Nährstoffarm und glasklar weist dieser See einen gesunden Bestand an Wasserlobelien auf. Er befindet sich im Nationalpark Thy, dem ersten Nationalpark in Dänemark, der seit Juni 2007 besteht.
Sandra Bartocha

Seiten 70/71:
Badender Kernbeißer
Coccothraustes coccothraustes
Ungarn
Vögel baden häufig, um ihr Gefieder sauber zu halten. Das ist unabdingbar für die Flugfähigkeit und dient als äußerst wirksame Isolierung gegen Kälte.
Markus Varesvuo

Millionen von Seen

Süßwasser wird in drei verschiedenen Zuständen gespeichert. Der flüchtigste, vergänglichste ist der als Wasserdampf in der Atmosphäre, wo die einzelnen Teilchen sich schnell bewegen. Der zweite große Wasserspeicher liegt tief unter der Erde, wo das Wasser über einen langen Zeitraum in Aquiferen (Grundwasserleitern), natürlich vorhandenen Spalten und Gesteinen, bleibt. Die dritten und sichtbaren Süßwasserspeicher befinden sich oberirdisch, gefroren in Gletschern und Schneedecken, strömend in Flüssen und ruhend in Seen. Stehende Gewässer wie Seen, Teiche, Tümpel und Stauseen enthalten 87 Prozent des an der Oberfläche verfügbaren Süßwassers. In Europa sind diese Gewässer sehr ungleichmäßig verteilt. Drei Viertel aller Seen befinden sich in einer nördlichen „Seenplatte", die von Norwegen über Schweden und Finnland bis in die Region Karelien und zur Kola-Halbinsel nach Russland reicht.

In vielen Teilen Europas mag man weit weg sein vom Meer, ein schöner See aber, ist immer irgendwo in der Nähe. Europa ist gesegnet mit natürlichen Seen. Nach offiziellen Angaben gibt es mehr als 500 000, die größer sind als ein Hektar. Bezieht man kleinere Teiche, Tümpel und Stauseen mit ein, die ebenfalls Amphibien, Fische, Vögel und Insekten beheimaten, geht die Zahl gar in die Millionen. Schweden allein hat 520 000 Seen und Teiche mit einer Größe von 100 Quadratmetern und mehr.

Die meisten natürlichen Seen in Europa sind erstaunlich jung, erst 10 000 bis 15 000 Jahre alt. Vor allem in nördlichen Regionen haben Eisschilde während der letzten Eiszeit tiefe Becken ausgehöhlt. Gegen Ende der letzten Gletscherperiode ließ das Inlandeis nach dem Abschmelzen riesige Mengen an Gestein, Geröll und Schutt zurück. Flüsse und Täler wurden so blockiert, und immer mehr Seen entstanden. In Mitteleuropa liegen die meisten natürlichen Seen in Bergregionen. Die hoch gelegenen Seen sind relativ klein, die in den Tälern größer, der Bodensee beispielsweise oder der Gardasee zwischen den Alpen und der Poebene.

Ein typischer See ist eine mit Wasser gefüllte Senke, die konstant gespeist wird von Zuflüssen sowie von Sedimenten, die den See nach und nach auffüllen. Dieser natürliche Alterungsprozess sorgt dafür, dass der See immer mehr verlandet, der Sauerstoffgehalt sinkt und das Artengefüge sich langsam verändert. Auf diese Weise wandelt er sich im Laufe von Hunderten oder gar Zehntausenden von Jahren in einen Sumpf, eine Marsch oder ein Moor, bis er schließlich ganz verlandet ist. Die Dauer dieses natürlichen Prozesses

Grünschenkel
Tringa nebularia
Biosphärenreservat Niedersächsische Elbtalaue
Dieser bezaubernde Watvogel ist ein Kosmopolit. Im europäischen Raum brütet er in Skandinavien und Russland, wo er auf Bruchwälder, Waldmoore, Niedermoore, Sümpfe und nährstoffreiche Seen angewiesen ist.
Dieter Damschen

Laubfrosch auf einer Schwanenblume
Hyla arborea
Nahe Nikopol, Bulgarien
Der Europäische Laubfrosch ist auf dem europäischen Festland heimisch. Oft sitzt er reglos und gut getarnt auf einem Blatt, wo er kleineren Beutetieren auflauert.
Dietmar Nill

Folgende Seiten:
Ein Schwarm Blessgänse und Rothalsgänse
Anser albifrons und *Branta ruficollis*
Durankulaksee, Bulgarien
Der Durankulaksee am Schwarzen Meer dient zahlreichen Vögeln als Rückzugsgebiet. Er gehört zu den wichtigsten und besterhaltenen Feuchtgebieten Bulgariens.
Manuel Presti

variiert je nach physikalischen Bedingungen erheblich. Es gibt auch nährstoffarme Seen, die über Jahrmillionen tief und sauerstoffreich bleiben.

Stauseen sind künstlich geschaffene Seen. Sie entstehen, wenn eine Talsperre ein Fließgewässer aufstaut, wodurch Teile der Uferregionen am oberen Flusslauf überflutet werden. Doch wenn das Ökosystem eines Fließgewässers in einen künstlichen See übergeht, ist die heimische Fauna oft nicht in der Lage, sich den raschen Veränderungen anzupassen. Und das wiederum bewirkt einen Rückgang der Vielfalt und der Gesamtzahl der Arten. Stauseen beeinträchtigen heute die meisten Flusssysteme. Oft dienen sie der Stromerzeugung in Wasserkraftwerken, die zumeist in Hochgebirgsregionen gebaut sind. 13 Stauseen in Europa sind größer als 1 000 Quadratkilometer, doch nur einer liegt außerhalb Russlands und der Ukraine: das Ijsselmeer in den Niederlanden.

Süßwasserrobben

Am Ladogasee in Nordwestrussland: Ein niedlicher Kopf mit langen Barthaaren taucht plötzlich auf und blickt sich neugierig um im Walaam-Archipel. Noch einer erscheint, gleich neben ihm. Es sind Robben. Gemeinsam schwimmen sie auf einen Felsvorsprung zu, wo sie sich zu einer Kolonie von fast 40 Artgenossen gesellen, die in der Sonne baden. Diese 1,5 Meter langen Robben verbringen ihr ganzes Leben an den nördlichen Ufern des Ladogasees, dem größten Süßwassersee Europas. Sie ernähren sich von kleinen Fischen wie Stint und Renke und schaffen es hin und wieder auch, sich einen deftigen Leckerbissen wie eine Rutte zu schnappen. Normalerweise assoziiert man Robben mit dem Meer. Doch es gibt auch eine Reihe von Seen auf der Welt, die ihre eigene Robbenpopulation haben.

Der Ladogasee wurde vermutlich vor etwa 11 000 Jahren besiedelt, gegen Ende der letzten Eiszeit, als sich die Gletscher zurückzogen und die Wasserspiegel sich rapide änderten. Möglicherweise wurde dabei eine Population von Baltischen Ringelrobben am See eingeschlossen. Der heutige Bestand von 2 000 bis 3 000 Ladoga-Ringelrobben, eine Unterart der Ringelrobbe, ist nur noch ein Bruchteil der 20 000 Exemplare, die hier zu Beginn des 20. Jahrhunderts vorkamen. 1980 wurde zwar die Jagd auf Robben verboten, doch andere Gefahren sind damit nicht gebannt: Wilderei, Verfangen in Fischernetzen, Industrialisierung der Ufer, Ölverschmutzung oder sonnenhungrige Touristen, die die Tiere an ihren Ruheplätzen stören.

Nördlich des Ladogasees, gleich hinter der Grenze zu Finnland, liegt der Saimaasee, wo eine weitere Unterart der Ringelrobbe heimisch ist: die Saimaa-Ringelrobbe. Diese Unterart zählt zu den am

Fischadler
Pandion haliaetus
Kangasala, Finnland
Der Fischadler ernährt sich zu 99 Prozent von Fisch. Sein Sehvermögen ist hervorragend an das Erkennen von Beute unter der Wasseroberfläche angepasst. In zehn bis 40 Meter Höhe rüttelt er kurz über der anvisierten Beute und stürzt dann mit weit vorgestreckten Fängen auf sie herab.
Peter Cairns

Graureiher
Ardea cinerea
Biosphärenreservat Niedersächsische Elbtalaue
Auf der Pirschjagd nach Fischen, Amphibien oder kleinen Schlangen verharrt der Graureiher oft regungslos, den langen Hals s-förmig eingezogen, um dann blitzschnell zuzustoßen.
Dieter Damschen

Folgende Seiten:
Mývatn – der Mückensee
Island
Inmitten von Vulkanen gelegen, beherbergt der flache, nährstoffreiche See mit den umliegenden Feuchtgebieten unzählige Wasservögel. Hier entspringt auch die Laxá, der „Lachsfluss", der berühmt ist für seine gesunden Populationen an Lachsen und Forellen.
Mark Carwardine

Seiten 80/81:
Braunbär in einem finnischen Sumpfgebiet
Ursus arctos
Suomussalmi, Finnland
Im Sommer frisst sich der Braunbär bis zu 180 Kilogramm Fettgewebe an. Energie, die er braucht, um in einer Höhle oder einem ähnlich geschützten Ort zu überwintern.
Staffan Widstrand

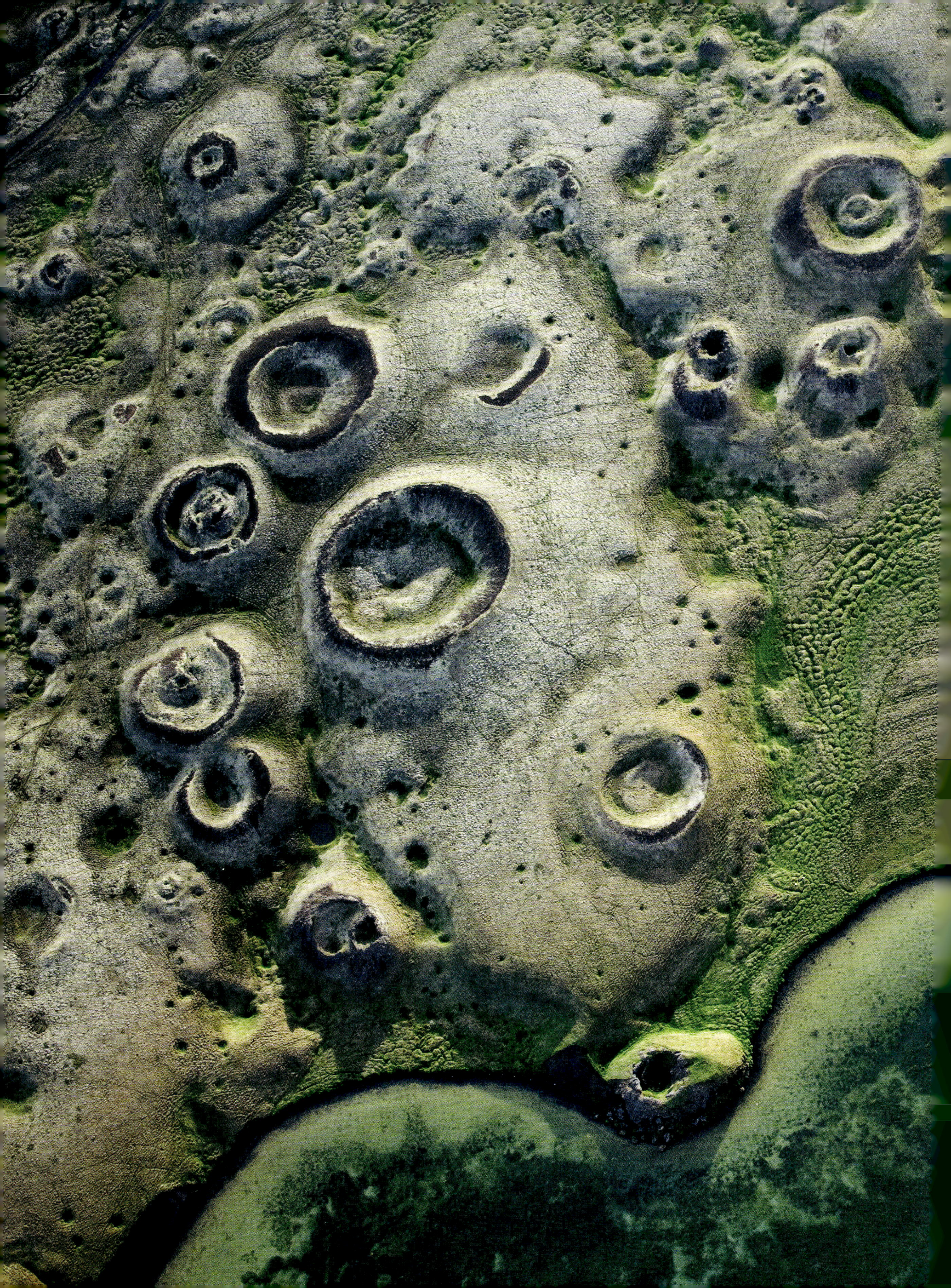

meisten gefährdeten Flossenfüßern der Welt. 1982 war die Robbenpopulation auf rund 150 Exemplare geschrumpft, seither hat sie sich dank des konsequenten Artenschutzes fast verdoppelt. Allerdings liegt die kritische Zahl, um die unmittelbare Gefahr des Aussterbens abzuwenden, nach wissenschaftlichen Schätzungen bei 400 Exemplaren. Der Tod durch Beifang in der Fischerei stellt die größte Gefahr für die Saimaa-Ringelrobbe dar. Und zur Verzweiflung vieler Umweltschützer zeigt sich die finnische Regierung bislang nicht gewillt, ein generelles Fischereiverbot für den Saimaasee zu verhängen, obwohl es sich fast ausschließlich um Freizeitfischer handelt.

Die ursprüngliche Artenvielfalt

Die meisten Seen sind sehr jung, doch gibt es auch einige uralte Stillgewässer, die über Jahrmillionen tief, nährstoffarm und sauerstoffreich geblieben sind. Am bekanntesten sind der Baikalsee im südlichen Sibirien und der Tanganjikasee in Ostafrika. Der Baikalsee ist ein sehr außergewöhnlicher Süßwassersee. Er ist der älteste und tiefste See der Welt, er hat sich vor 25 Millionen Jahren gebildet. 2 635 Tier- und Pflanzenarten finden sich in diesem 1 637 Meter tiefen Süßwasserkörper. 75 Prozent von ihnen sind endemische Arten, leben also nur hier und nirgendwo sonst auf der Welt. Der Ohridsee und der benachbarte Prespasee im Dreiländereck von Albanien, Griechenland und Mazedonien sind die europäischen Pendants zum Baikalsee. Auch sie zeichnen sich durch hohes Alter und Isolation aus, was eine hohe Vielfalt an Arten und endemischen Arten hervorgebracht hat. Dies gilt insbesondere für den Ohridsee, den tiefsten See auf dem Balkan, in dem ein Drittel der heimischen Fischarten und ganze 80 Prozent der Weichtiere endemisch sind. In seinem fünf Millionen Jahre alten Ökosystem beheimatet er mehr als 200 endemische Arten.

Auch wenn die meisten Seen anfangs Süßwasserseen sind, ist es so, dass sie versalzen, wenn sie aus irgendeinem Grund isoliert sind und das Wasser den See einzig über die Verdunstung verlässt. Diese Salzseen nehmen flächenmäßig ein fast ebenso großes Gebiet der Erde ein wie die Süßwasserseen. Der erhöhte Salzgehalt führt zu einer Veränderung der Flora und Fauna, in der viele spezialisierte Insekten und Krustentiere heimisch geworden sind. Diese wiederum sind Nahrung für allerlei Vogelarten wie etwa Flamingos.

Vor mehr als fünf Millionen Jahren wurde der größte See der Erde infolge von Landhebungen und einem darauf folgenden sinkenden Meeresspiegel vom Meer abgeschnitten. Das gewaltige Kaspische Meer an der äußersten östlichen Grenze Europas ist viermal größer als der zweitgrößte See der Erde, der Obere See in Nordamerika.

Hrutarjökull
Island
Während seines Schmelzens wandert Europas größter Gletscher, der Vatnajökull, Richtung Süden. Er fächert sich an seiner Zunge in mehrere kleine Gletscher auf, die so groß sind, dass sie einen eigenen Namen haben, wie hier der Hrutarjökull. Wo Eis und Wasser aufeinandertreffen, formt das Schmelzwasser malerische Seen und Lagunen.
Orsolya Haarberg

Schlafende Eisente
Clangula hyemalis
Mývatn (Mückensee), Island
Millionen dieser eleganten Enten verbringen die Wintermonate an den europäischen Küsten. Dort suchen sie nach Muscheln und tauchen bis zu 60 Meter tief.
Orsolya Haarberg

Folgende Seiten:
Silberreiher landet im Morgenlicht
Casmerodius albus
Biosphärenreservat Niedersächsische Elbtalaue
Mit seinem weißen Gefieder und dem gelben Schnabel ist der Silberreiher leicht zu erkennen. In den vergangenen Jahren hat er sein Brutgebiet bis nach Deutschland und in die Niederlande ausgedehnt.
Dieter Damschen

Das riesige europäische Gebiet bietet vielen Tieren Lebensraum wie etwa der Weißkopfmöwe, der Raubseeschwalbe, der endemischen Kaspischen Robbe und vielen Fischarten, die ausschließlich an diesem See zu finden sind. Der Zufluss von Süßwasser erfolgt vor allem in den nördlichen Teilen. In den südlichen Teilen ist der See etwas salziger. Eine große Zahl von Stören und die Produktion eines exquisiten Kaviars waren lange Zeit das Markenzeichen des Kaspischen Meeres. Doch Überfischung und Verlust der Laichgebiete haben die Störpopulation derart dezimiert, dass Umweltschützer heute ein Fischereiverbot fordern, bis sie sich erholt hat.

Froschparadies

Ein ungewöhnliches Quaken hallt von der sonnenbeschienenen Uferseite über den kleinen, flachen Teich. Die Erdkröten sind nun schon seit einer Woche hier, doch erst heute, bei Sonnenschein und warmen Temperaturen, kann die eigentliche Paarung und Eiablage beginnen. Sie scheinen alle voller Energie nach einem langen und dunklen Winter, eingegraben in der Erde, unter einer Baumwurzel unweit des Teichs. Zahlreiche kleinere Männchen buhlen um einige größere Weibchen, liefern sich heftige Konkurrenzkämpfe. Ein glückliches Männchen hat seine Partnerin bereits gefunden, während er im Wald nach seinem angestammten Teich suchte. Sogleich klettert er auf ihren Rücken und umklammert sie von hinten, in einer bei der Paarung typischen Umarmung, die als Amplexus bezeichnet wird.

Es geht turbulent zu im Teich. Fünf bis sechs Männchen tun alles, um den glücklichen Rivalen vom Rücken seiner großen Partnerin zu stoßen. Unter der Wasseroberfläche mischen Jungkröteriche mit, üben sich im Kräftemessen mit den Großen – wie unterseeische Straßengangs. Diese Halbwüchsigen werden erst im kommenden Jahr an der Reihe sein. Das Weibchen gibt seinen Laich in Form von langen Schnüren ab, die es um Pflanzen im flachen Wasser wickelt. Üblicherweise geschieht dies an der Seite mit den meisten Sonnenstunden, damit sich der Laich schnellstmöglich entwickeln kann.

Viele dieser kleinen Teiche haben keinen Oberflächenabfluss und entwickeln sich zu eigenständigen Ökosystemen, was sie zu idealen Lebensräumen für Insekten macht: für Ruderwanze, Schwimmkäfer, Taumelkäfer oder den Wasserskorpion mit seinem langen Atemrohr. Wenn ein Teich im Spätsommer austrocknet, spricht man von einem temporären Tümpel. So ein nur zeitweilig existierendes Kleingewässer ist frei von Raubfischen und damit ein relativ sicheres Laichterrain für Frösche, Kröten, Molche und Insekten. In so einem Tümpel haben Kaulquappen und Insektenlarven während der Sommermonate eine höhere Überlebensrate.

Lauernder Hecht
Esox lucius
Varberg, Schweden
Das Hechtfischen wird bei Anglern immer beliebter. Sogar Fliegenfischer versuchen, diese kampfstarken „Krokodile" zu fangen. Wem der Fang eines Exemplars von zehn Kilogramm oder mehr glückt, erwirbt sich in vielen Ländern den Ruf als Meisterangler.
Magnus Lundgren

Schule von Flussbarschen
Perca fluviatilis
Varberg, Schweden
Im Frühjahr streifen Barsche ihre Eier an Pflanzen unter Wasser ab. Die Eier selbst haften oft an Füßen und Gefieder von Wasservögeln und werden so in andere Gewässer getragen.
Magnus Lundgren

Folgende Seiten:
Wasserfrosch
Pelophylax kl. esculentus
Vellinge, Schweden
Der Wasserfrosch ist ein fruchtbarer Hybrid aus Kleinem Teichfrosch und Seefrosch und wurde erst kürzlich als solcher beschrieben. Wasserfroschweibchen paaren sich allerdings nach wie vor lieber mit Männchen der beiden Ursprungsarten.
Magnus Lundgren

Seiten 90/91:
Rotfuchs und Kanadagänse
Vulpes vulpes
London, England
Wasser ist ein Quell des Lebens auf der Erde. Doch 20 Prozent des gesamten Oberflächenwassers in Europa sind durch Verschmutzung ernsthaft bedroht. 50 Prozent aller Feuchtgebiete sind durch Raubbau am Grundwasser gefährdet.
Laurent Geslin

«Ein See ist der schönste und ausdrucks-vollste Zug einer Land-schaft. Er ist das Auge der Erde; beim Hineinsehen kann der Be-trachter die Tiefe seiner eigenen Natur ermessen.»

Henry David Thoreau,
US-Amerikanischer Schriftsteller
und Philosoph

Seerose und Spiegelbild
Nymphaea alba
Bohuslän, Schweden
Dank etlicher Renaturierungsprogramme in vielen skandinavischen Seen ist es gelungen, die Wasserqualität zu verbessern. Die Weiße Seerose ist eine der Nutznießerinnen. Sie besitzt mit bis zu drei Metern die längsten Blattstiele aller Blütenpflanzen Europas und die größten Blüten, die angenehm duften.
Magnus Lundgren

Folgende Seiten:
Erdkröten bei der Paarung
Bufo bufo
Billebjär, Skåne, Schweden
Frösche faszinieren uns. Erinnern Sie sich an das Grimmsche Märchen vom „Froschkönig"? An die Verzauberung der hässlichen Kröte in einen schönen Prinzen? Ein märchenhafter Stoff, der in Opern, Theatern und in der „Muppetshow" umgesetzt wurde.
Magnus Lundgren

Vergessene Feuchtgebiete

Eine Rohrdommel bewegt sich in Zeitlupe durch ein unwirkliches Sumpfgebiet, sucht nach Kleinfischen und Fröschen. Unter Wasser ist eine Libellenlarve ebenfalls auf Beutefang zwischen Schilfstängeln und Unterwassergräsern. Sie findet ein paar junge Kaulquappen, die sich an den Algen im seichten Wasser laben – eine leichte Beute für diesen schnell schwimmenden Räuber. Die Libellenlarve presst einen scharfen Wasserstrahl aus der Analöffnung, der wie ein Düsenantrieb wirkt, und lässt ihrer Beute kaum eine Chance zu entkommen. Hin und wieder geht die Larve sogar an Land, schnappt sich irgendwo einen kleinen Happen und taucht dann satt und zufrieden wieder ab.

Sümpfe und andere Feuchtgebiete verflechten die aquatischen und terrestrischen Lebensräume miteinander und profitieren von der Durchmischung verschiedener Arten und Umweltfaktoren, weshalb sie zu den produktivsten und mannigfaltigsten Ökosystemen der Erde gehören. Feuchtgebiete spielen eine Schlüsselrolle bei der Erhaltung der Wasserqualität, der Nährstoffkreisläufe und der Hochwasserregulierung. Leider sind Trockenlegungen ein anhaltendes Problem. 60 Prozent der europäischen Feuchtgebiete wurden im Laufe des vergangenen Jahrhunderts entwässert.

Eine Erfolgsgeschichte

Am Hornborgasee in Schweden, Anfang April 2012: Die Vogelzähler in den Feldstationen melden 26 500 Kraniche. Das Team, das die aktuelle Zahl der durchziehenden Vögel erfasst, ist überrascht und auch ein bisschen euphorisch, da die abendliche Zählung die alte Rekordmarke um mehr als 8 000 übersteigt. Reporter aus aller Welt berichten im Internet, Fernsehen und in den Zeitungen vom Tanz der Kraniche am See. Vor nicht allzu langer Zeit bot der Hornborgasee ein trostloses Bild, nachdem er erfolglosen Entwässerungsversuchen zur landwirtschaftlichen Flächengewinnung seit Ende des 19. Jahrhunderts zum Opfer gefallen war. Niedrige Wasserpegel ließen ihn verlanden, Sträucher und Schilfrohr wucherten. Doch in den 1980er Jahren startete man eine umfangreiche Renaturierung. Heute ist er ein wahres Paradies für Vögel und Vogelbeobachter. Er ist einer der vielen lebendigen Orte, die zum „Natura-2000-Netz" der EU gehören, einem weltweit einmaligen Netzwerk von Schutzgebieten in 40 Ländern Europas. Der Hornborgasee ist ein Symbol dafür, dass Naturschutz tatsächlich funktioniert. Wir brauchen nur noch sehr viel mehr davon.

Wasserschildkröten beim Sonnenbad
Emys orbicularis, Mauremys rivulata
Butrint, Albanien
Feuchtgebiete mit Bäumen an ihren Rändern sind der bevorzugte Lebensraum der Europäischen Sumpfschildkröte. Sie ist eine sogenannte semi-aquatische Art, da sie sich mitunter bis zu vier Kilometer vom Wasser entfernt.
Anders Geidemark

Naturreservat Moricsala
Usmasee, Lettland
Ein kleiner Holzsteg führt in die friedliche Stille der Seenwelt.
Diego López

Folgende Seiten:
Zwischen zwei Kontinenten
Thingvellir-Nationalpark, Island
Die Silfra-Spalte ist ein tiefer Bruch zwischen der Nordamerikanischen und der Eurasischen Platte. In ihr findet man wohl das klarste Wasser der Welt. Beim Tauchen durch diese Märchenwelt kann man jederzeit getrost ein Schlückchen trinken.
Magnus Lundgren

Seiten 100/101:
Morgenruf der Kraniche
Grus grus
Hornborgasee, Schweden
Am Abend sammeln sich Kraniche im seichten Wasser des Hornborgasees. Hier sind sie sicher vor Raubfeinden bzw. hören sie nahen.
Stefano Unterthiner

Weißbartseeschwalbe mit Küken
Chlidonias hybridus
Nester und Küken der Seeschwalben sind ständigen Gefahren ausgesetzt: Stürme, hoher Wellengang, Ringelnattern oder Rohrweihen dezimieren die Gelege, sodass häufig nur einer von ehemals vier Jungvögeln flügge wird. **Milán Radisics**

Hinter der Kamera

Von Milán Radisics

Weißbart-Seeschwalbe *(Chlidonias hybridus)*
Skutarisee, Montenegro
[Breitengrad 42° 13' 29" Nord, Längengrad 19° 14' 24" Ost]

Ich stehe vor dem aufgeklappten Kofferraum meines Wagens und wundere mich, wie ich es überhaupt geschafft habe, meine ganzen Habseligkeiten, die ich als Naturfotograf mit mir rumschleppe, darin unterzubringen. Da mir an meinem Einsatzort auf gar keinen Fall irgendetwas fehlen sollte, packte ich kurzerhand alles ein, vom Toilettenpapier bis zur Taucherausrüstung. Ich beschließe, den Dingen gelassen entgegenzusehen – schließlich bin ich schon einmal in Montenegro gewesen, bin mit der Landessprache vertraut und erwarte keine sonderlichen Überraschungen. Wie man sich irren kann!

An der Grenze zu Montenegro muss ich auf den Zollbeamten warten, der im Nachbardorf beim Abendessen sitzt. Eine Stunde später ist er da, winkt mich einfach durch.

Doch kaum habe ich die Hauptstraße erreicht, rutscht mir das Herz in die Hose: Vor mir liegt eine Baustelle der ganz besonderen Art. An der engsten Stelle stehen jede Menge Schilder, die bekunden, dass die Straße auf sieben Kilometern über drei verschiedene Teilstrecken zweimal täglich für je drei Stunden gesperrt sei. Man wartet drei Stunden auf die Aufhebung der Sperrung, weitere drei Stunden im Stau und ist an der nächsten Sperrung angelangt. Auch die Geduld eines Naturfotografen hat einmal ein Ende. Warum habe ich nicht die Straße durch Bosnien genommen? Wieso musste der Schöpfer dieser Welt überhaupt so etwas wie Seeschwalben erfinden? Ohne die wäre ich nämlich gar nicht erst auf dieser Straße mitten im Nirgendwo gelandet.

Die Weißbart-Seeschwalben, schöne kleine Vögel, unternehmen ähnlich abenteuerliche Reisen wie ich. Sie ziehen im Winter bis an die Küsten Westafrikas und im Frühjahr zurück zu ihren Brutgebieten hier am Skutarisee. Mit neun Kolonien und rund 1 200 Nestern weist der See die höchste Populationsdichte dieser gefährdeten Seeschwalbenart in Europa auf.

Ich habe mir vorgenommen, die Kompetenz der örtlichen Fischer zu nutzen und sie zu bitten, mich in einem ihrer Boote mit hinauszunehmen zu den Seeschwalben. Doch das ist einfacher gedacht, als getan. «Seeschwalben? Nie gehört, was soll das sein?», ist die Antwort der Fischer. Ich würde bestimmt Pelikane meinen. Andere warnen mich davor, ins Wasser zu steigen, da der Schlamm «tödlich tief» sei. Glücklicherweise finde ich irgendwann doch noch ein paar Fischer, die sich bereit erklären, mich am folgenden Morgen an Bord zu nehmen, um mir ein paar Nistplätze zu zeigen. Prima, vielleicht klappt es ja doch noch mit ein paar Aufnahmen. Doch daraus wird zunächst nichts. Am Abend tobt ein heftiges Unwetter über dem See mit schweren Gewitterstürmen, hohen Wellen, Starkregen, Donner und Blitz, der die 1 600 Meter hohen Berge ringsum hell erleuchtet. Der Bootsausflug für den folgenden Morgen wird abgesagt. Ich bin verzweifelt und beschließe, ein paar andere Fischer um Hilfe zu bitten. Die Zeit wird knapp! Vorerst habe ich kein Glück. Einer will sein Boot erst streichen, der nächste ein Leck flicken, und der dritte

Tarnung ist alles!
Um Vögel in der Nähe ihres Nests fotografieren zu können, ohne sie zu stören, braucht man viel Erfahrung, noch mehr Geduld, den nötigen Respekt für die Lebewesen und in diesem Fall eine gute Portion Leidensfähigkeit und Einfallsreichtum. **Milán Radisics**

Korridor im Grünen
Ausgedehnte Bestände von Schwimmblattpflanzen sind an vielen Seen Europas selten geworden oder ganz verschwunden. Mit ihnen zahlreiche Tierarten, die auf diesen schwimmenden Teppichen ihre Nester gebaut, im unterseeischen Dickicht gejagt haben oder gejagt wurden. **Milán Radisics**

findet halb vier Uhr morgens ein bisschen zu früh, um hinauszufahren ... Endlich treffe ich auf einen Jungen mit einem Boot und einige mich mit ihm. Es dauert eine Weile, bis ich ihn überredet und seine Zweifel zerstreut habe. Es kommt schließlich nicht alle Tage vor, dass ein Fremder sich vor Sonnenaufgang ins Wasser stellen möchte, um seine Kamera auf ein paar Vögel zu richten, die im Schilf sitzen. Endlich! Vier lange Tage, von Sonnenaufgang bis Sonnenuntergang, stehe ich im See und fotografiere Seeschwalben.

Der Skutarisee ist traumhaft! Er ist der größte See im südöstlichen Europa, ein grenzüberschreitendes Ökosystem, das teils zu Montenegro, teils zu Albanien gehört. Die fast 40 000 Hektar Fläche auf montenegrinischer Seite wurden bereits 1983 zum Nationalpark erklärt. Seit 2005 steht auch der albanische Teil unter Schutz. Die Uferregionen in Montenegro sind eher dünn besiedelt, die in Albanien hingegen geradezu überfüllt. Im Süden finden sich Felsen, Klippen und viele Inseln, während im Norden der Fluss Zeta eine sumpfige Deltalandschaft geschaffen hat. Am See entlang, auf einer Strecke von nur 100 Metern, kann man fünf verschiedene Lebensräume finden: offene Gewässer, Sümpfe, Auwälder, Karstgebiete und Sandstrände. Genau diese Vielfalt der Habitate macht den Skutarisee zu einem Schauplatz der Biodiversität in der Region. Der Wasserspiegel spielt ebenfalls eine wichtige Rolle: Je nach Jahreszeit schwankt die Oberflächenausdehnung des Sees zwischen 370 und 550 Quadratkilometern. So entstehen und verschwinden Lebensräume im Wechsel der Jahreszeiten.

Insgesamt sind am Skutarisee mehr als 280 Vogelarten dokumentiert. Darunter befindet sich die vom Aussterben bedrohte Zwergscharbe, der Krauskopfpelikan, das Symbol des Nationalparks, und zahlreiche Zugvogelarten, die hier rasten. Und natürlich die Weißbart-Seeschwalbe.

Nach nur einem Tag, an dem ich ab vier Uhr morgens in meinem Neoprenanzug im Wasser gestanden und Hunderte von „Seeschwalbe auf Nest"-Bildern auf meine Speicherkarte gebannt habe, muss ich dem Jungen in einem Punkt recht geben. Brütende Seeschwalben in Montenegro machen nichts anderes als brütende Seeschwalben im Rest der Welt: Sie hocken auf ihren Nestern.
Und so beschließe ich an Tag vier, nachdem ich von Weitwinkel- und Teleobjektiven bis hin zu fernausgelösten Kameras und Unterwassergehäusen alles technische Gerät zum Einsatz gebracht habe, es fürs Erste genug sein zu lassen. In zwei Wochen werden die Küken schlüpfen und die Vogeleltern ständig hin und her fliegen müssen, um Nahrung wie Fische und andere kleine Beutetiere herbeizutragen. Dann werde ich noch genügend Gelegenheiten haben, die Tiere in Bewegung zu fotografieren.

Triefnass klettere ich zurück ins Boot, hieve die Ausrüstung hinein und starte den Motor. Ich weiß, ich komme wieder, in wenigen Wochen schon, um das geschäftige Treiben der Vögel zu beobachten.

Küsten

Ein schöner Frühsommertag am beliebten weißen Strand von L'Estartit nördlich von Barcelona. Zahlreiche Familien treffen nach und nach zum Sonntagspicknick ein. Kinderlachen erklingt, und der Duft von frisch gebrühtem Kaffee erfüllt die Luft. Nirgendwo schmecken die mitgebrachten Köstlichkeiten besser als hier im frischen Wind. Eine kleine, unbewohnte Felsengruppe, die Medas-Inseln, scheint nur einen Steinwurf entfernt. Dort draußen genießen Taucher das reiche Fischvorkommen und die steilen Felsabbrüche, die mit roten und gelben Fächerkorallen übersät sind. Prächtige Skorpionfische und friedlich schlummernde Muränen sind nur einige der Attraktionen. Den Eingang eines märchenhaften Unterwassertunnels, der mitten durch eine Felswand führt, bewachen etliche Braune Zackenbarsche. Flora und Fauna rund um die Inseln sind seit 1983 streng geschützt. Das Tauchen und Schnorcheln in diesen Gewässern gleicht daher einer Unterwasserreise in einer Zeitmaschine. Es vermittelt einen Eindruck davon, wie ein Großteil der Riffe im Mittelmeer vor nicht allzu langer Zeit wohl ausgesehen hat.

Mensch und Küstenlinie

Vor rund zwei Milliarden Jahren formten sich im Meer die ersten Organismen, primitive Bakterien und einfache Pflanzen. Die ersten Tiere entwickelten sich anderthalb Milliarden Jahre später in Gezeitenbecken oder tiefen, hydrothermalen Spalten. Seither entstanden neue Arten und verschwanden wieder. Unsere frühesten Vorfahren erschienen erst vor zwei bis drei Millionen Jahren. Die meisten Theorien gehen davon aus, dass Gruppen des Homo sapiens Afrika erst vor 40 000 Jahren verlassen haben. Danach dauerte es weitere 30 000 Jahre, bis erste menschliche Siedlungen an den Mittelmeerküsten entstanden.

Die Phönizier waren die Ersten, die um 1500 v. Chr. mit ihrer Segelflotte einen regen Küstenhandel im gesamten Mittelmeerraum begannen. Griechische und römische Flotten folgten. Der heutige Einfluss des Menschen auf die küstennahen Lebensräume setzte erst in den letzten Jahrhunderten ein und ist die unmittelbare Folge von Bevölkerungsexplosion und Industrialisierung. Europa hat die zweithöchste Bevölkerungsdichte aller Kontinente. Auf der Landfläche der Niederlande beispielsweise leben pro Quadratkilometer durchschnittlich mehr als 400 Menschen.

Bis heute zieht es uns ans Meer, machen sich Millionen Menschen auf, um ihre Freizeit am Wasser zu genießen. Ein immer größerer Teil der europäischen Bevölkerung lebt in Städten. Sie bieten den Menschen kaum eine Chance auf Kontakt mit der Natur. Entlang der Meeresufer entstehen immer mehr Ferienhäuser und Touristenorte. Die europäischen Küsten als wertvolle Erholungsräume zu erhalten, ihre Natur gleichzeitig auch zu schützen ist ein Balanceakt und eine der wohl schwierigsten Herausforderungen der Zukunft.

Fischaktivisten an der Nordsee

Die Nordsee ist ein Randmeer des Atlantischen Ozeans, das größtenteils auf dem europäischen Kontinentalschelf liegt und durchschnittlich nur 90 Meter tief ist. In der südlichen Nordsee an der Doggerbank beispielsweise ist das Wasser lediglich 15 Meter tief. Dieses Gebiet zählt zu den fischreichsten Fanggründen der Nordsee. Fernab der dicht besiedelten Gebiete entlang der südlichen Nordseeküste liegen

Kegelrobbe
Halichoerus grypus
Lincolnshire, Großbritannien
Am Strand von Donna Nook trainiert die britische Luftwaffe Bombenabwürfe. Im Winter ist er die Kinderstube der Kegelrobbe und zieht Hunderte Schaulustige an, die zwischen Robben spazieren gehen, wenn Flieger und Piloten dienstfrei haben.
Laurent Geslin

Folgende Seiten:
Watvogelschwarm
Japsand, Nationalpark Schleswig-Holsteinisches Wattenmeer
Millionen von Watvögeln nutzen das Watt in den Wattenmeer-Nationalparks von Deutschland, Dänemark und den Niederlanden als wichtiges Rastgebiet auf ihren Zugrouten.
László Novák

Seiten 112/113:
Taschenkrebs
Eriphia verrucosa
Alentejo-Küste, Portugal
Ein Panzer, das sogenannte Exoskelett, schützt den Körper des Krebses. Um wachsen zu können, streift der Krebs den Panzer ab, der dann passgenau neu ausgebildet wird.
Luiz Quinta

viele naturbelassene Orte: das Wattenmeer, die langen Sandstrände in Dänemark, die Fjorde und Klippen in Schottland und Norwegen. Von den 230 Fischarten im Meer werden Kabeljau, Schellfisch, Wittling, Köhler, Scholle, Hering, Franzosendorsch und Sprotte kommerziell gefischt. Die einst reichen Bestände der Nordsee sind akut von Überfischung bedroht. Dass jedes Jahr rund eine Million Tonnen Fisch aufgrund von EU-Regularien zurück ins Meer geworfen werden, trägt zu einem massiven Rückgang vieler Fischbestände bei.

Was konkret dagegen getan werden kann, zeigte der Brite Hugh Fearnley-Whittingstall, prominenter Fernsehkoch und Kochbuchautor, im Januar 2011. Er sieht in den geltenden Fischfang-Regularien, die dazu führen, dass 50 Prozent der Fänge allein in der Nordsee zurück ins Meer geworfen werden, einen politischen Irrsinn. In einer Mehrartenfischerei mit gemischten Beständen werden immer verschiedene Arten gefangen. Doch Fische, die beim Verbraucher nicht gefragt sind oder nicht angelandet werden dürfen, werden über Bord gekippt, was den Fortbestand der meisten Arten gefährdet.
Hinzu kommen Rückwürfe von hochwertigen Speisefischen wie Kabeljau, Schellfisch und Scholle, sobald die „Fangquoten" überschritten werden. Durch das Quotensystem, das für jede Fischart Höchstfanggrenzen festlegt, sehen sich die Fischer gezwungen, sämtliche Beifänge, die über einer bereits erfüllten Quote liegen, noch vor Erreichen des Hafens wieder zurück ins Meer zu werfen.

Um derlei Gesetze zu ändern, startete Hugh Fearnley-Whittingstall eine Kampagne via Website, Facebook und Twitter. Das Echo war gewaltig. Mehr als 800 000 Menschen haben die Petition zur Einführung eines Rückwurfverbots inzwischen unterzeichnet und damit im britischen Parlament eine Debatte zu diesem Thema erzwungen. Als unmittelbares Resultat der Kampagne beschloss die britische Regierung, eine sechsmonatige Studie in Auftrag zu geben, um zu klären, was im Falle der Einführung eines Rückwurfverbots geschehen würde. Die Vorschläge, die die EU-Kommission zur Reform der Gemeinsamen EU-Fischereipolitik (GFP) veröffentlicht hat, beinhalten auch Empfehlungen zu einem Rückwurfverbot. Bleibt also zu hoffen, dass bis zur Umsetzung der Reform, die für 2013 angekündigt ist, ein Rückwurfverbot beschlossen ist. Inzwischen können auch Sie sich der Kampagne „Hugh's Fish Fight" anschließen.

Geisterschiffe in der Ostsee

Junge Kabeljaue jagen in Wiesen aus leuchtend grünem Gewöhnlichem Seegras, das in den Wellen wogt. Vor allem nachts suchen Räuber wie Steinbutt und Aal hier nach leichter Beute. Die Seegrasfelder spielen in der Ostsee eine bedeutende Rolle, als Hort für die Fischbrut und

Uferschnepfen
Limosa limosa
Beleu-See, Moldawien
In Europa gehen die Bestände vieler Watvogelarten zurück. Arten wie die Uferschnepfe, die in Feuchtwiesen brüten, sind besonders gefährdet. Obgleich sie nach der Renaturierung ihrer angestammten Lebensräume häufig zurückkehren.
Laurent Geslin

Strand-Grasnelke
Armeria pungens
Alentejo-Küste, Portugal
Im Gegensatz zu ihrer Verwandten, der Gewöhnlichen Grasnelke, einer beliebten Gartenpflanze, ist diese dornige Art an den Stränden von Spanien, Portugal, Sardinien und Korsika zu Hause. Ihr Bestand ist durch Zerstörung der Küstenhabitate stark bedroht.
Luís Quinta

Folgende Seiten:
Desertas-Inseln
Madeira, Portugal
Das Meer um die wüstenähnliche Küste der Insel Deserta Grande ist nicht nur ein Naturreservat für die vom Aussterben bedrohte Mönchsrobbe. Auch viele Vogelarten wie die ebenfalls stark gefährdeten Sturmtaucher und Sturmschwalben sind hier beheimatet.
Nuno Sá

Seite 118/119:
Camargue-Pferde
Equus ferus caballus
Camargue, Frankreich
Diese Pferderasse durchstreift seit Jahrtausenden das heiße, windige und salzige Sumpfland des Rhône-Deltas. Derart raue Umweltbedingungen führten zu zahlreichen Anpassungen bei den Tieren. Darunter die Fähigkeit, unter Wasser mit geschlossenen Nüstern zu fressen.
Theo Allofs

Lebensgrundlage für Meerasseln, Miesmuscheln, Krabben und Grundeln. Stirbt das Seegras ab, treibt es auf den Strand und dient Insekten und Flohkrebsen als neuer Lebensraum.

Bei einem durchschnittlichen Salzgehalt von 0,5 bis 1 Prozent weist die Ostsee von Süd nach Nord ein Gefälle in der Salzkonzentration auf. Durch den Salzwassereinstrom ist das Wasser im Süden salziger als im Norden, wo rund 200 Flüsse Süßwasser in die Ostsee eintragen. Berühmt ist die Ostsee für ihre zahlreichen unberührten alten Holz- und Stahlwracks. Ausgewachsene Kabeljaue tummeln sich an ihnen. Sie entern die Geisterschiffe, die nach und nach zu unbefischbaren Riffen werden und den Meereslebewesen Schutz bieten. Der Schiffsbohrwurm, der kein Wurm, sondern eine Muschel ist, und den Beinamen „Termite der Meere" trägt, kommt in der Ostsee natürlicherweise nicht vor. Daher blieben Holzwracks im salzigen Wasser der Ostsee so lange unversehrt. Seit dem Jahr 2000 jedoch ist der Schiffsbohrwurm *(Teredo navalis)* in der südlichen Ostsee nachgewiesen.

Der Kabeljau ist der ökonomisch wertvollste Fisch der Ostsee. In den 1980er Jahren wurden 22 Prozent der weltweiten Kabeljaufänge aus dem größten Brackwassermeer der Erde angelandet. Der dramatische Rückgang der Kabeljaubestände in der Ostsee hat eine Kettenreaktion in Gang gesetzt. Die Sprottenbestände der Ostsee entwickeln sich rasant, während die Mengen an Zooplankton, von dem sich die Sprotten überwiegend ernähren, immer weiter zurückgehen. Das wiederum führt zu einer ungehemmten Algenblüte. Neuesten Erkenntnissen zufolge ist der Kabeljau zurückgekehrt. Seit 2011, so der Wissenschaftler Henrik Svedäng, beginnen sich die Kabeljaubestände in der Ostsee wieder zu erholen. Der Fischereiökologe stellte fest: «Unsere Analyse zeigt, dass noch nicht aller Tage Abend ist. Die Natur selbst hat alle Theorien widerlegt, wonach die Ostsee in einem so ruinierten Zustand sei, dass sich die Kabeljaubestände nie wieder erholen könnten. Dass sie dies trotzdem tun, lässt sich insbesondere mit der Tatsache begründen, dass man die polnische Fangflotte vor ein paar Jahren dafür bezahlt hat, 18 Monate lang im Hafen liegen zu bleiben.»

Das Mittelmeer zwischen den Kontinenten

Im Mittelmeer verdunstet mehr Wasser, als durch Regen und Flüsse wieder aufgefüllt wird. Ohne den ständigen Wasserzustrom aus dem Atlantik durch die Straße von Gibraltar würde es schlicht austrocknen. Genau dies geschah vor sechs Millionen Jahren. Die großen Kontinentalplatten, die afrikanische und die europäische, stießen zusammen

weiter auf Seite 130

Salzwiesen
Golf von Cádiz, Doñana-Nationalpark, Andalusien, Spanien
Die Salzwiesen im Delta des Guadalquivir bei Ebbe aus der Luft betrachtet. Zweimal täglich werden sie von auf- und ablaufenden Gezeitenströmen des Atlantiks modelliert.
Diego López

Folgende Seiten:
Spielende Delfine
Delphinus delphis
Azoren, Portugal
Der Anblick der Tiere in ihrer natürlichen Umgebung macht das Whale-Watching um ein Vielfaches einträglicher, als es ihre Jagd jemals war.
Magnus Lundgren

Seiten 124/125:
Gelbe Krustenanemone
Parazoanthus axinellae
Lavezzi-Archipel, Korsika, Frankreich
Die prächtigen Krustenanemonen wachsen in Kolonien wie hier auf einem bläulichen Schwamm. Die einzelnen Polypen sind nur etwa zwei Zentimeter hoch und einen halben Zentimeter breit.
Linda Pitkin

Die Orchideen der Meere

Für viele Biologen gehören Meeresnacktschnecken zu den farbenprächtigsten und komplexesten Meerestieren. Im Allgemeinen sind sie sehr klein, es existieren aber auch Arten, die bis zu 20 Zentimeter lang sind. Die Unterwasserweichtiere leben in allen Salzwassermeeren und bewegen sich nur sehr langsam fort. Meeresnacktschnecken, auch „Orchideen der Meere“ genannt, trifft man auf ihrer Lieblingsnahrung an, auf Schwämmen, Hydrozoen (Nesseltiere) und Korallen.

Es gibt mindestens 3000 erfasste Arten von Meeresnacktschnecken. Als Weichtiere (*Mollusken*) sind sie verwandt mit Muscheln und Kraken, gehören aber in die Ordnung der schalenlosen Nacktkiemer (*Nudibranchia*). Der Begriff geht auf den Atmungsapparat der Tiere zurück, der sich außen am Körper befindet. Die Kiemen können wie eine einzelne Blume oder wie fingerartige Auswüchse geformt sein. Sie sitzen am Rücken, an der Seite oder am Rand der zurückgebildeten Mantelhöhle. Im Laufe der Evolution gaben die Meeresnacktschnecken ihre schützende Schale auf, was die Ausprägung einer Vielfalt von Körperformen und -farben zur Folge hatte. Ihre auffällige Farbenpracht sollte nun ihre Ungenießbarkeit signalisieren. Manche Arten scheiden brennende Sekrete aus. Wieder andere sondern derart giftige Stoffe ab, dass eine einzige Meeresnacktschnecke genügt, um einen Eimer voller Fische binnen einer Stunde zu töten.

Die sogenannten Fadenschnecken (*Aeolidioidea*) aus der Überfamilie der Nacktkiemer haben noch einen viel raffinierteren Abwehrmechanismus entwickelt. Sie können unbeschadet Nesselzellen von Polypen und Anemonen fressen. Die winzigen Nesselkapseln passieren den Körper, ohne ihre giftigen Harpunen auszuschleudern. Sie werden in die Rückenfortsätze am Hinterleib der Schnecken eingelagert, noch immer geladen und bereit, ihren neuen Wirt gegen Angreifer zu verteidigen. Ein beeindruckendes Abwehrsystem für eine schalenlose Meeresnacktschnecke, die den ganzen Tag auf einem Hydrozoen verbringt. Andere Arten schwimmen dank aktiven Krümmens ihres Körpers wie Schmetterlinge im offenen Wasser. Wieder andere treiben ihr Leben lang in der gleichen Wassersäule.

Alle Nacktkiemer sind Zwitter, das heißt, sie sind doppelgeschlechtig. Jede ausgewachsene Meeresnacktschnecke innerhalb der gleichen Art ist damit ein möglicher Partner zur wechselseitigen Befruchtung. Ihre Lebenserwartung liegt zwischen vier Wochen und einem Jahr. Viele Arten lieben kaltes Wasser und pflanzen sich im Spätwinter oder Frühjahr fort. Sie heften ihre Eier in prächtigen, bandförmigen Spiralen an Braunalgen, Hydrozoen oder transparente Manteltiere. Diese kleinen wilden Wunder der Natur bereichern unsere Welt mit einer fantastischen Farbenpracht.

Gestreifte Hörnchenschnecke
Polycera quadrilineata
Møre, Norwegen
Die nur drei Zentimeter lange Meeresnacktschnecke kommt in vielen verschiedenen Farben vor. Sie ist vom Mittelmeer bis nach Nordnorwegen verbreitet.
Magnus Lundgren

Violette Fadenschnecke
Flabellina affinis
Lavezzi-Archipel, Korsika, Frankreich
Marine Nacktschnecken kriechen oft auf ihrer bevorzugten Nahrung umher, den sogenannten Hydrozoen, die mit giftigen Nesselzellen ausgestattet sind. Die Nesselzellen bleiben beim Fressen unversehrt und werden von der Schnecke zur Verteidigung gegen Fressfeinde eingelagert.
Linda Pitkin

Folgende Seiten:
Norwegische Nacktschnecke
Coryphella lineata
Lyse-Fjord, Norwegen
Die langen, fühlerähnlichen „Hörner“ sind Sinnesorgane, sogenannte Rhinophore. Mit ihnen können die Schnecken chemische Substanzen wahrnehmen, um etwa in der Nähe ihrer Nahrungsgründe zu bleiben.
Magnus Lundgren

Fortsetzung von Seite 120

und verschlossen die Straße von Gibraltar. Innerhalb von 2000 Jahren war das Wasser versiegt und ließ enorme Salzablagerungen und hochsalzige Seen zurück. 700000 Jahre später öffnete ein Erdbeben die Straße von Gibraltar wieder, und eine mächtige Wasserflut aus dem Atlantik füllte das Mittelmeer in nur zwei Jahren wieder auf. Das führte zu einer Neubelebung der marinen Ökosysteme mit importierten Arten aus dem Atlantik.

Das Mittelmeer hat zwei weitere Verbindungen zu umliegenden Meeren. Eine ist der Bosporus, eine schmale Meerenge, die Istanbul durchzieht und ins Schwarze Meer mündet. Die andere existiert seit 1869 über den künstlich geschaffenen Suezkanal ins Rote Meer. Anfänglich behinderten hochsalzige sogenannte Bitterseen die Migration mariner Organismen zwischen den beiden Meeren. Erst mit der Zeit, als sich die unterschiedlichen Salzgehalte angeglichen hatten, begannen Arten aus dem Roten Meer in das östliche Mittelmeer einzuwandern. In der hochsalzigen Umgebung haben sie sich mittlerweile erfolgreich bewährt. Heute jedoch sind invasive Arten ein großes Problem. 600 gebietsfremde Spezies wurden bereits nachgewiesen. Viele sind durch den Suezkanal vorgedrungen, andere werden durch den Handel mit Aquaristik und von Schiffen eingeschleppt.

In der Zeitmaschine

Nicht einmal zwei Prozent des Mittelmeeres sind als geschützte Meeresgebiete ausgewiesen. Innerhalb von nur zehn Jahren konnte in den existierenden Schutzgebieten immerhin ein Anstieg der Fischbestände verzeichnet werden, der fünfmal höher liegt als in nahe gelegenen ungeschützten Gebieten. Wer in einer sogenannten *No Take Area* tauchen oder schnorcheln geht, einem Gebiet, in dem sämtliche Fischereiaktivitäten verboten sind, sieht sich geradezu umschwärmt von Fischen. Es wimmelt von neugierigen Schleimfischen, Adlerrochen, die unverhofft aus dem sandigen Boden schnellen, und von großen Zackenbarschen.

Obwohl nur sehr wenige und sehr kleinräumige Schutzgebiete existieren, verdeutlichen sie den großen Nutzen. Orte wie die Meeresschutzgebiete La Scandola (Korsika/gegründet 1975), Tavolara (Sardinien/1997), die Medas-Inseln (Spanien/1983), das Lavezzi-Archipel (Korsika/1982) sowie das erst vor Kurzem unter Schutz gestellte Gebiet von Portofino in Italien entwickeln sich zu wichtigen „Zeitkapseln". Sie führen uns vor Augen, wie reich das Mittelmeer einst war und wie mannigfaltig es wieder werden kann.

Auch in kommerzieller Hinsicht sind die Schutzgebiete ein Erfolg. Das nur einen Quadratkilometer große Meeresreservat der Medas-Inseln ist überaus erfolgreich. Mit Freizeitaktivitäten in einer

Schraubensabelle
Spirographis spallanzani
Faial, Azoren, Portugal
Aus seinem eigenen Schleim produziert der Röhrenwurm seine namengebende, stetig wachsende Behausung. Nur die Tentakelkrone schaut heraus, mit der die Tiere atmen und Nahrung aus dem Wasser filtrieren.
Magnus Lundgren

Roter Eidechsenfisch
Synodus synodus
Desertas-Inseln, Madeira, Portugal
Bestens getarnt und mit Zähnen sogar auf ihrer Zunge, sind Eidechsenfische perfekt angepasste Lauerjäger am Meeresgrund. Sie leben in flachen Küstengewässern und selbst im Brackwasser.
Nuno Sá

Folgende Seiten:
Europäische Languste
Palinurus elephas
Gozo, Malta
Der Nachtjäger ist von Norwegen bis zu den Azoren verbreitet. Wenn sie ihre Tagesverstecke verlassen, enden Langusten häufig in Fangkörben und werden als Delikatesse nach ganz Europa exportiert.
Solvin Zankl

«Von Geburt an trägt der Mensch das Gewicht der Schwerkraft auf seinen Schultern. Er ist mit der Erde verbunden. Doch sobald er sich unter der Wasserober-fläche befindet, ist er frei.»

Jacques Yves Cousteau

Kurzschnäuziges Seepferdchen
Hippocampus hippocampus
Gozo, Malta
Über die Naturgeschichte und die Ökologie der anmutigen europäischen Spezies ist kaum etwas bekannt. Ihr Kopf ähnelt dem eines Pferdes, ihr Hinterleib einem Wurm. Dieses Aussehen brachte den Tieren ihren wissenschaftlichen Namen ein: *Hippocampus*, „Pferderaupe".
Solvin Zankl

unberührten Wildnis wie Tauch- und Schnorchelausflügen oder Fahrten mit dem Glasbodenboot wird jährlich einen Umsatz von sechs Millionen Euro erwirtschaftet. Das ist 20-mal mehr, als die Fischerei vor Ort je eingebracht hat, und schafft obendrein sehr viel mehr Arbeitsplätze. Sämtliche Unterwasserlebensräume des Mittelmeeres sind um die Medas-Inseln vertreten. Sie machen das kleine Archipel zu einem Gebiet von großem ökologischen Wert, zumal sich eine Vielzahl mariner Lebewesen ringsum verbreitet hat.

Auf zu neuen Ufern

João war 36 Jahre lang Walfänger vor der zweitgrößten Azoreninsel Pico. Nach all dieser Zeit war ihm der Beruf in Fleisch und Blut übergegangen. Er wusste, wie er sich den Meerestieren nähern musste, verstand ihr Verhalten und hatte großen Respekt vor Tieren und Meer. Als die Haare an seinen Schläfen zunehmend grauer wurden, richtete er sich in einem weißen Wachturm ein. Mit Adleraugen und einem Fernglas dirigierte er die Walfangboote in die richtige Richtung, stets aufmerksam und wachsam, voller Stolz, jeden Tag gute Arbeit zu leisten. Bald schon avancierte er zum berühmten „Späher" beziehungsweise zum Wächter, portugiesisch *vigia*, der Insel.

Im Jahr 1987, als der offiziell letzte Pottwal vor den Azoren gefangen war, bat ihn ein junger französischer Umweltaktivist um seine Hilfe. Joãos Erfahrung wurde gebraucht, um die erste Walbeobachtungsstation in Lajes do Pico auf den Azoren zu gründen. João beendete das Kapitel der jahrhundertealten Tradition, die Pottwale mit Handharpunen zu erlegen, eine Tradition, die das Leben der Inselbewohner geprägt hat. Er begann, mit den jungen Umweltschützern zusammenzuarbeiten. Er brachte ihnen bei, wie man sich den Walen nähert und ihnen Respekt und Achtung entgegenbringt, und unterrichtete sie im korrektem Verhalten auf See. João, der „Späher" von den Azoren, lehrt uns alle, dass der Wandel möglich ist und nichts ewig so sein muss, wie es immer schon war. Wir können von gestrigen Pfaden jederzeit abweichen und nach neuen und besseren Ausschau halten.

João hat sein letztes Segel längst gesetzt. Die Walbeobachtungsstation aber ist geblieben. Heute, 25 Jahre später, arbeitet sie mit voller Kraft. Man hat dort einen „Verhaltenskodex" für die Walbeobachtung entwickelt, den die Regionalbehörden unterstützen. Gemeinsam wollen alle Beteiligten die negativen Folgen einer unkontrollierten Entwicklung des Naturtourismus vermeiden. Insofern lenkt João, wo auch immer er sein mag, die Abenteuer auf See vor Pico nach wie vor mit Achtung und Respekt.

Dunkler Zackenbarsch
Epinephelus marginatus
Korsika, Frankreich
Der große Raubfisch des Mittelmeeres kann bis zu 1,5 Meter Länge und ein Gewicht von 60 Kilogramm erreichen.
Linda Pitkin

Folgende Seiten:
Eine von 36
Monachus monachus
Desertas-Inseln, Madeira, Portugal
In den 1980ern gab es noch sechs Individuen der vom Aussterben bedrohten Mönchsrobbe auf den Inseln. Bis 2010 ist der Bestand auf 36 Tiere angestiegen. Ein großer Erfolg bei den Anstrengungen zur Rettung der Art.
Nuno Sá

Seiten 140/141:
Giant's Causeway/ „Damm des Riesen"
Grafschaft Antrim, Nordirland
Der Legende nach wurde der Damm aus sechseckigen Basaltsäulen von dem irischen Riesen Fionn MacCumhail errichtet. Auf ihm wollte er nach Schottland gelangen, um dort gegen seinen Rivalen Bennandoner zu kämpfen.
Pål Hermansen

Auf ins Meer!
Caretta caretta
Lykische Küste, Türkei
Unmittelbar nachdem die junge Unechte Karettschildkröte die Nestgrube im Sand verlassen hat, muss sie schnell das offene Wasser erreichen, um möglichen Fressfeinden und der heißen türkischen Sonne zu entkommen.
Solvin Zankl

Hinter der Kamera

Von Solvin Zankl

Unechte Karettschildkröte *(Caretta caretta)*
Dalyan-Delta, Türkei
[Breitengrad 36° 48‘ 9“ Nord, Längengrad 28° 36‘ 12“ Ost]

Die hochsommerliche Hitze, die mich bei meiner Ankunft in der Türkei erwartet, ist keine Überraschung – dennoch haut sie mich fast um. Eine Überraschung der anderen Art, aber mit dem gleichen Effekt sollte ich kurze Zeit später erleben: vis-à-vis mit einer großen Süßwasserschildkröte! So ein Geschöpf hätte ich im Amazonas erwartet, aber nicht hier in Europa.

Direkt vor mir wühlt die große Afrikanische Weichschildkröte mit ihren drei kräftigen Krallen an jeder der beiden Vorderflossen am Meeresboden nach etwas Fressbarem, nach kleinen Krebsen und Weichtieren. Kleine Fische schweben im Wasser um das Reptil mit dem lang gestreckten Hals, der schweinsartigen Nase und dem seltsam geformten Kopf. Ein fast surrealer Anblick. Und ein höchst seltener dazu, denn die seichten Gewässer im Dalyan-Delta beheimaten eine der letzten Populationen dieser eindrucksvollen und stark gefährdeten Art in Europa. Nach Schätzungen von Experten waren nur 500 Schildkröten in der Lage, sich den enormen Veränderungen ihrer Küstenlebensräume anzupassen. Die Mittelmeerregion ist von Tourismus, Segelsport und Überfischung empfindlich betroffen. Obgleich sie überwiegend als Flussbewohnerin gilt, ist *Trionyx* (die Dreizehige) *triunguis* eine sehr gute Schwimmerin, die sich auch ins offene Meer wagt. Dort schafft sie es sogar, aus einem Versteck heraus Kleinfische zu erbeuten. Doch im Freiwasser verfangen sich die Tiere oft in Fischer- oder Stellnetzen, zusammen mit anderen Meeresbewohnern.

Die zahlreichen Röhrichtinseln im Dalyan-Delta sind nur durch eine schmale sandige Nehrung vom Meer getrennt, dem Dalyan-Strand. Wie die unzähligen Sonnenschirme vermuten lassen, herrscht in den Frühjahrs- und Sommermonaten reger Tourismus. Bei genauerem Hinsehen wird jedoch deutlich, dass die Sonnenschirme in einigem Abstand vom Ufersaum platziert sind, etwa 30 Meter entfernt. Und sieht man noch genauer hin, dann weiß man auch, warum: Dort am Strand haben Unechte Karettschildkröten etliche hundert Nistgruben angelegt. Man kann sogar noch einige Spuren der Weibchen ausmachen, die sie auf ihrem Weg zurück ins Wasser hinterlassen haben. Die Lykische Küste in der Türkei ist bekannt für Schildkröten-Brutstrände wie diesen. Orte mit Seltenheitswert im heutigen Europa.

Für meinen Fotoauftrag finde ich schließlich einen Strand, der bei Touristen weniger beliebt ist. Den örtlichen Umweltschützern waren an diesem Strand lediglich 13 Nistplätze bekannt … So warte ich die ersten drei Nächte vergeblich auf das Erscheinen eines Schildkrötenweibchens, das seine Eier ablegt. Es ist bereits Ende August und die Eiablagesaison fast vorüber, was mich ein wenig nervös macht. Doch noch bin ich guten Mutes. Sollte es klappen, dann ist das hier der perfekte Ort.

Der Moment, in dem ein feucht schimmernder Panzer die mondbeschienene Wasseroberfläche durchbricht, ist schlichtweg magisch. Eine rund 70 Kilogramm schwere

Sumpfland bei Dalyan, Dalyan-Delta, Türkei
Seit internationale Proteste in den 1980er Jahren den Bau weiterer Hotelanlagen verhindert haben, ist das üppige Delta ein sicherer Ort für die gefährdeten Reptilien. **Solvin Zankl**

Unechte Karettschildkröte
Caretta caretta, Lykische Küste, Türkei
Unechte Karettschildkröten schwimmen Tausende von Kilometern durch die Ozeane. **Solvin Zankl**

Folgende Seiten:
Männchen oder Weibchen?
Caretta caretta, Lykische Küste, Türkei
Nach 80 Tagen sorgt die Temperatur in der sandigen Nistgrube für den kleinen Unterschied: Bei 32° C gibt es nur weiblichen, bei 28° C nur männlichen Nachwuchs, bei 30° C schlüpfen gleich viele Männchen und Weibchen. **Solvin Zankl**

Unechte Karettschildkröte (*Caretta caretta*) schiebt ihren Körper langsam den sandigen Strand hinauf. So in etwa muss es gewesen sein, als die ersten Urtiere vor undenkbar langer Zeit das Meer verließen und das Land eroberten, denke ich mir. Ich komme aus dem Staunen nicht mehr heraus. Ich rücke ein Stück zur Seite, um dem beeindruckenden Reptil nicht im Weg zu sein, das nur wenige Meter neben mir vorbeikriecht. Es hält ab und an inne und holt tief Luft. Ich genieße diese Momente der bloßen Beobachtung in vollen Zügen. Ich muss mich still verhalten, denn zum jetzigen Zeitpunkt Fotos zu machen würde das Tier nur stören oder es womöglich wieder zurück ins Meer treiben.

Erst als die Grabgeräusche verklungen sind, krieche ich langsam auf die Schildkröte zu, um zu erkunden, ob sie bereits begonnen hat, ihre Eier abzulegen. Nun kann ich beruhigt sein und meine ersten Bilder machen. Sie wird ihr Werk seelenruhig verrichten, bis zu 100 Eier ablegen, die Nistgrube mit Sand bedecken und wieder ins Meer zurückkehren. Das Ganze dauert keine 20 Minuten – kaum genug Zeit zum Fotografieren. Ich gehe behutsam vor, und so sind am Ende einige Aufnahmen dabei, die ich mir genauso vorgestellt habe. Als die Meeresschildkröte erneut die Wellen durchbricht und ins Wasser taucht, muss ich daran denken, dass sie erst in einigen Jahren zurückkehren wird – wenn überhaupt.

Anschließend bleibe ich noch im Daylan-Delta. Ich will sehen, ob die Eier, die zwei Monate zuvor abgelegt worden sind, auch tatsächlich zum Schlupf kommen würden. Ohne ein Muttertier vor Ort erfolgt das Bebrüten der Eier durch die Wärme der Sonne. Eigentlich dürfte es jeden Tag so weit sein. Der erste Schildkrötennachwuchs müsste bald schlüpfen. Sie schlüpfen alle auf einmal und haben es dann eilig, ins Meer zu kommen. Auch wenn das Wasser nicht weit ist, warten allerlei Räuber auf die Jungschildkröten: Goldschakale, Füchse, Dachse, Möwen, Greifvögel oder streunende Hunde.

Eines Morgens ist es dann so weit. Ich bekomme die Chance, zu erleben und zu fotografieren, wie die Jungschildkröten aus dem Sand hervorkommen und über den Strand kriechen. Ein wundervolles Erlebnis! Als die erste Gruppe das Wasser erreicht, erfülle ich mir einen lang gehegten Traum: mit den frisch geschlüpften Schildkröten zu schwimmen und zu tauchen, wenn sie ihre ersten Flossenschläge im offenen Meer machen! Und wie sie schwimmen! Auf Anhieb. Mit einer enormen Schnelligkeit und Wendigkeit, dass ich alle Mühe habe, ihnen zu folgen. Nach einer knappen Stunde muss ich aufgeben und mir eingestehen, dass sich die sechs Zentimeter langen Schildkrötenjungen im Meer viel mehr zu Hause fühlen, als ich es jemals könnte. Glücklich und dankbar, die ersten Augenblicke eines neuen Lebens in diesen zwei Welten miterlebt zu haben, sehe ich die kleinen Körper mit dem großen, weiten Blau des Mittelmeeres verschmelzen.

Ozeane

Vor dem malerischen Hafen von Lajes do Pico fällt der Meeresboden über mehrere Kilometer steil ab in den tiefblauen Atlantik. An diesem Morgen ist die See vor der Azoreninsel völlig ruhig. Eine elfköpfige Pottwalfamilie lässt sich dicht nebeneinander, den Kopf nach oben, senkrecht im Wasser treiben. Nach mehrfachen Tauchgängen auf bis zu 800 Meter Tiefe, bei denen sie zahlreiche Kalmare verspeist haben, entspannen sie nun. Über das gemeinsame Schlafverhalten der Pottwale ist wenig bekannt, doch sie scheinen rund sieben Prozent eines Tages gemeinsam zu ruhen.

Das offene Meer und die Tiefsee sind der bei Weitem größte Lebensraum der Erde. Ihre Bewohner gehören zu den arten- und individuenreichsten sowie gleichzeitig zu den am wenigsten erforschten. In der Welt der Thunfische, Haie, Riesenkalmare und der Mondfische gibt es noch unendlich viel für uns zu entdecken und zu lernen. Nicht zu Unrecht heißt es, dass wir mehr über den Mond wissen als über die bemerkenswerten Geschöpfe und Ökosysteme in den tiefsten Regionen der Ozeane.

Eindrucksvolle Tiefseetaucher

Atmen Sie tief ein, tauchen Sie ab, entspannen Sie, tauchen Sie wieder auf und atmen Sie erneut ein: Das sogenannte Freitauchen ist ein Tauchgang ohne jegliche Atemgeräte. Die meisten Menschen sind überrascht zu erfahren, dass unser Körper mit einem „Tauchreflex" ausgestattet ist. Unser Herzschlag verlangsamt sich, sobald wir unter Wasser sind. Die Blutgefäße verengen sich, das Blut zirkuliert überwiegend in den lebenswichtigen Organen. Blutplasma sammelt sich in den Blutgefäßen der Lunge, damit sie bei Tiefen von unter 30 Metern nicht kollabiert. Auch wir können als Säugetiere im Meer nach Nahrung tauchen. Inzwischen wird Frei- beziehungsweise Apnoetauchen als Leistungssport betrieben. Apnoetaucher erreichen mithilfe langer Flossen, eines Bleigürtels, eines Neoprenanzugs und Taucherbrille Tiefen von mehr als 200 Metern. Wenn wir uns aber mit den wahren Meistern vergleichen, verblassen diese Rekorde.

Rund 60 Prozent der Erdoberfläche sind von mehr als 2000 Meter tiefen Meeren bedeckt, ein riesiges Jagdgebiet und eine ökologische Nische für große Meeressäuger. In den Ozeanen schwimmen viele frei tauchende Säugetiere, darunter See-Elefanten, Tümmler und Schnabelwale. Auch einige Vogelarten sind überaus wendige Taucher. Doch wenn es ums Tieftauchen geht, kann es niemand mit den größten Beutegreifern der Erde aufnehmen: Die beinahe prähistorisch anmutenden Pottwale verfügen über außergewöhnliche Fähigkeiten. Ein Pottwal taucht bis zu 3000 Meter tief und ist in der Lage, mit einem einzigen Atemzug bis zu 90 Minuten unter Wasser zu bleiben.

Diese Zahnwale besitzen einen flexiblen Brustkorb und elastisches Gewebe in der Lunge, um sich den Druckverhältnissen bei ihren Beutezügen in der Tiefe anzupassen. Man weiß, dass die Wale bisweilen mit bis zu zehn Meter großen Riesenkalmaren ringen. Das Jagdgebiet der Pottwale ist für uns nach wie vor weitgehend unbekanntes Terrain. So verdanken wir die meisten Erkenntnisse über die in der Tiefsee lebenden Kalmare Funden aus Pottwalmägen. Neuere Studien, bei denen Humboldtkalmare mit leichten Unterwasserkameras ausgestattet wurden, belegen, dass weibliche Pottwale bei der Jagd auf Kalmare zusammenarbeiten. Das große Puzzle der Unterwasserwelt nimmt ganz allmählich Gestalt an, doch

Pottwal
Physeter macrocephalus
Pico, Azoren, Portugal
Er wird 55 Tonnen schwer, 20 Meter lang und ist damit das größte Raubtier der Erde. Der wohl berühmteste Vertreter seiner Art ist Moby Dick. Der Albino-Pottwal ist die Tier gewordene Nemesis Kapitän Ahabs im Roman von Herman Melville.
Magnus Lundgren

Folgende Seiten:
Blauhai
Prionace glauca
Condor, Faial, Azoren, Portugal
Räuber an der Spitze der Nahrungskette wie der Blauhai sind Indikatoren für den Zustand der Ökosysteme in ihrer Gesamtheit. Schätzungen zufolge werden weltweit jeden Tag 100000 bis 200000 Haie getötet.
Nuno Sá

Seiten 154/155:
Meeresschildkröte
Caretta caretta
Pico, Azoren, Portugal
In den kälteren Monaten bleibt die Unechte Karettschildkröte bis zu sieben Stunden am Stück unter Wasser. Die extrem langen Tauchgänge zählen zu den längsten, die für lungenatmende, marine Wirbeltiere bekannt sind.
Magnus Lundgren

noch immer gibt es viel zu erfahren über die Geschöpfe, die in diese gewaltigen Tiefen abtauchen.

Im offenen Meer

Die oberste Schicht der Meeresoberfläche gleicht einer Wiese. Das Licht befähigt winzige pflanzliche Organismen, Phytoplankton genannt, zur Photosynthese. Es erzeugt seine eigene Nahrung und bildet die Basis allen Lebens in den Ozeanen. Krebstiere, Krill und Beutefische und sogar die riesigen Bartenwale ernähren sich von der „Planktonsuppe". Zahlreiche Beutegreifer wiederum folgen den Planktonfressern: Sturmvögel und Rußseeschwalben in der Luft, Haie und Schwertfische unter Wasser.

Das offene Meer wird in vier übereinander liegenden Schichten oder Zonen eingeteilt. Die sonnenbeschienene oberste Zone, das Epipelagial, reicht etwa 200 Meter tief und bildet mit einer Biomasse aus schwimmenden Meeresalgen, Kopffüßern, Kamm- und Rippenquallen und zahlreichen Beutegreifern den ergiebigsten Bereich. Das Phytoplankton dient nicht nur den Oberflächenbewohnern als Nahrung. Auch die Organismen, die in größerer Tiefe leben, sind fast vollständig auf lebendes oder abgestorbenes organisches Material wie Plankton angewiesen. Es sinkt mit einer Geschwindigkeit von etwa 100 Metern pro Tag ab.

Die zweite Zone, das Mesopelagial, erstreckt sich zwischen 200 und 1 000 Metern Tiefe. Dorthin gelangt noch leichtes Dämmerlicht, das nicht mehr zur Photosynthese ausreicht. Der Sauerstoffgehalt sinkt bei 500 Metern. Die dort lebenden Organismen kompensieren dies dadurch, dass sie entweder spezielle Kiemen besitzen oder sich wenig bewegen. Schwertfisch, Kalmar, Seewolf und viele biolumineszente (Licht erzeugende) Tiere leben in dieser Dämmerlichtzone. Die Artenvielfalt nimmt mit zunehmender Tiefe ab, da weniger Sauerstoff vorhanden ist, die Temperaturen niedriger werden, immer weniger Nahrung zur Verfügung steht und es beständig dunkler wird, bis schließlich völlige Finsternis herrscht.

Unterhalb von 1 000 Metern liegt das dunkle Jagdrevier von Pottwal, Riesen- und Koloss-Kalmar. Diese Zone, Bathypelagial genannt, reicht bis in 4 000 Meter Tiefe, eine nachtschwarze Welt, in der keinerlei Pflanzen überleben können. Die meisten Tiere ernähren sich von „marinem Schnee", abgestorbenen und zerfallenen Überresten von Tieren und Pflanzen oberer Schichten. Oder sie sind wie Kalmare und Kraken Fleischfresser. Die Mehrzahl der Tiefseebewohner erzeugt eine grünliche Biolumineszenz. So ist etwa der „Köder" der Tiefsee-Anglerfische mit einem Leuchtorgan ausgestattet, das Beutetiere anlockt. Einige Tiefseekalmare versprühen Leuchtwolken,

Tiefsee-Korallenriff
Lophelia pertusa
Trondheimfjord, Norwegen
Ein großer Taschenkrebs klettert auf einem Augenkorallenriff *(Lophelia pertusa)*. Im Nordatlantik kommen die Riffe in Tiefen von 100 bis 3 000 Metern vor. Dieses Riff ist eine Ausnahme: Es liegt nur 40 Meter tief auf dem Tautra Ridge im Trondheimfjord.
Magnus Lundgren

Nördliche Steinkrabbe
Lithodes maja
Møre, Norwegen
Diese Königskrabbenart lebt in Tiefen von bis zu 800 Metern und versteckt sich bevorzugt unter großen Anemonen. Dornige Fortsätze schützen ihre Augen.
Magnus Lundgren

Folgende Seiten:
Polyp der Augenkoralle
Lophelia pertusa (5 mm)
Trondheimfjord, Norwegen
Die Arme des Polypen ragen aus dem harten Korallenkelch aus Kalziumkarbonat hervor. Die Nesselzellen auf den Armen, die Nematocyten, sind deutlich sichtbar.
Magnus Lundgren

Seiten 160/161:
Auge in Auge mit dem Seeteufel
Lophius piscatorius
Bodø, Norwegen
Die Fischer im 19. Jahrhundert sollen den Seeteufel derart gefürchtet haben, dass sie ihn niemals an Bord nahmen. Er soll Unheil verheißen haben. Bei seinem Anblick machten sie nicht selten kehrt in Richtung Land.
Magnus Lundgren

die Fressfeinde irritieren oder abschrecken, was den Kalmaren die Flucht ermöglicht. Die häufigste Fischgruppe des Bathypelagial sind die Laternenfische. Auch sie nutzen Bioluminiszenz, um Beute in die Nähe ihrer Mundöffnung zu locken.

Ab einer Tiefe von vier Kilometern beginnt das Abyssopelagial. Nur wenige Arten sind an die dortigen kalten Temperaturen und den gewaltigen Druck angepasst. Doch einige Kalmare, Schlangensterne, Seegurken und Asselspinnen fühlen sich selbst in diesem unwirtlichen Lebensraum wohl.

Nächtliche Wanderung

Die größte marine Wanderung findet allabendlich statt, wenn zahlreiche Tiere aus Tiefen zwischen 800 und 1 000 Metern in die oberste Zone des Meeres aufsteigen, um im Schutze der Dunkelheit Nahrung zu suchen. Tierische Planktonorganismen wie Ruderfußkrebse, Krill und quallenartige Manteltiere ernähren sich von den mikroskopisch kleinen Pflanzen, die in den tagsüber sonnenbeschienenen Regionen gedeihen. Diese Bewegung des Zooplanktons bildet den Anfang eines Zuges von Beutegreifern in Richtung Meeresoberfläche. Schwertfische oder Haie beispielsweise folgen ihnen. Das tagtägliche Ereignis wird Vertikale Migration oder Vertikale Wanderung genannt. Kurz vor Sonnenaufgang kehren die Geschöpfe in die Dunkelheit der Tiefe zurück.

Die Vertikale Migration unterstützt den Transport organischer Substanz in die Tiefen, was wiederum den Transfer von Kohlendioxid aus der Atmosphäre ins Meer beeinflusst. Das Phänomen gilt als wesentlich für das Gleichgewicht des Lebens auf der Erde.

Hochseehaie

Zahlreiche Haiarten unternehmen Vertikale Wanderungen. Sie dabei zu beobachten ist nicht leicht: Zwei Taucher lassen sich im weiten Blau des Atlantiks treiben. Sie schweben, abwartend, in etwa fünf Meter Tiefe, als unerwartet zwei Blauhaie erscheinen. Sie kommen näher und entscheiden sich, die lauten, Blasen erzeugenden Taucher aus der Nähe zu betrachten. Die prächtige Gestalt der Fische – lange Brustflossen, spitz zulaufendes Maul – und ihre leuchtend blaue Färbung wirken geradezu magisch. Einen Hai in seiner natürlichen Umgebung zu betrachten ist ein unvergessliches Erlebnis. Das organisierte Tauchen mit Haien trägt dazu bei, dass die Menschen Haie lebend mehr schätzen als in einer Suppentasse.

Inbegriff aller Haie ist der Weiße Hai, der regelmäßig sehr weite Wanderungen unternimmt. Markierte Weiße Haie haben eine Strecke

In einem Bett aus Korallenpolypen
Galathea intermedia
Trondheimfjord, Norwegen
Ein 15 Millimeter langer Springkrebs versteckt sich in den Polypen einer ein Meter hohen Gorgonie oder Hornkoralle. Diese Furchenkrebsart ist im Nordatlantik bis in Tiefen von 1 600 Metern weit verbreitet.
Magnus Lundgren

Folgende Seiten:
Kronenqualle
Periphylla periphylla
Trondheimfjord, Norwegen
Diese Tiefseequalle fängt mit ihren zwölf schlanken Tentakeln kleine Krustentiere, Fische und andere Quallen. Sie kann bis zu 30 Jahre alt werden und wurde in Tiefen bis zu 2 700 Meter beobachtet.
Magnus Lundgren

Seiten 166/167:
Roter Thun
Thunnus thynnus
Gozo, Malta
«Das Fiasko des Roten Thun im Mittelmeer ist das schlimmste Beispiel für Misswirtschaft in der Fischerei, das derzeit bekannt ist», sagt der WWF-Experte Sergi Tudela.
Solvin Zankl

von Australien–Südafrika–Australien zurückgelegt. Vor einigen Jahren fanden Forscher heraus, wie Weiße Haie ins Mittelmeer gelangten. Ein Team von Wissenschaftlern nahm DNA-Stichproben von vier Weißen Haien vor der Küste der Türkei, Tunesiens und Siziliens. Dr. Les Noble von der Universität Aberdeen: «Wir waren total überrascht. Ein wissenschaftlicher Glücksfall. Wir schauten das DNA-Profil der Haie an und stellten fest, dass sie alle derselben Familiengruppe angehörten. Die Tiere hatten dieselbe DNA wie Weiße Haie vor der Küste Australiens.» Die Wissenschaftler vermuten, dass sich vor rund 450 000 Jahren eine Gruppe trächtiger Weibchen verirrte. Gründe dafür könnten ein Klimawandel gewesen sein, der demzufolge erhöhte Meeresspiegel und ein ungewöhnlicher Wirbel vor Kap Agulhas, dem südlichsten Punkt des afrikanischen Kontinents. Einmal im Mittelmeer mit seinen vielen Halbinseln und Buchten angekommen, fanden die Tiere den Weg nicht mehr zurück.

Haie beherrschten die Meere schon lange vor den Dinosauriern. In europäischen Gewässern kann man nach wie vor Hochseehaie wie Makos und Heringshaie mühelos durch das Blau gleiten sehen, während Walhaie die Wasseroberfläche nach Plankton durchstreifen und kleinere Laternenhaie weiter unten auf Kalmarenjagd gehen. Die Haipopulationen im Allgemeinen und die der Hochseehaie im Besonderen sind stark zurückgegangen. Sie sterben nicht nur als Beifang in Fischernetzen. Wegen der hohen Preise für ihre Flossen werden sie wie Thunfisch und Schwertfisch mit Langleinen gefangen. Jedes Jahr werden mehr als 100 Millionen Haie getötet, zehn Millionen davon sind Blauhaie. Die niedrige Reproduktionsrate von Haien macht sie extrem verwundbar gegenüber unkontrollierter Fischerei. Über den Haifang wurde viel diskutiert, aber wenig dagegen unternommen. So wies beispielsweise die CITES-Kommission, die den Handel mit gefährdeten Tierarten regulieren soll, im Jahr 2010 einen Antrag zurück, der für eine strengere Kontrolle des Handels mit einigen Haiarten gesorgt hätte. Das wäre insbesondere den Hammerhai, Weißspitzen-Hochseehai und den Dornhai zugutegekommen.

Die Korallenriffe des Nordens

Beim Wort „Korallenriff" denken viele an tropische Gefilde. In den Riffen der warmen Meere ermöglicht das Sonnenlicht winzigen Algen, Zooxanthellen, im Inneren der Steinkorallen Photosynthese zu betreiben und die tropischen Korallen mit Nährstoffen zu versorgen. Im kühlen Nordatlantik dagegen existiert eine andere Art von Steinkorallen: *Lophelia pertusa*, die man in Wassertiefen zwischen 100 und 3 000 Metern antrifft. Die meisten dieser reinweißen, bisweilen zartrosa Riffe wurden erst im Erdölzeitalter entdeckt, als man mit einer um-

Schlafende Pottwale
Physeter macrocephalus
Pico, Azoren, Portugal
Eine ungewöhnliche Begegnung mit schlafenden Pottwalen vor den Azoren. Die frühere Walfangindustrie ist der Walbeobachtung gewichen – zum Wohl der Wale und der Menschen.
Magnus Lundgren

Folgende Seiten:
Spiegelung
Stockholmer Schären, Schweden
Wasser hat die Eigenschaft, das Tageslicht in seine Einzelfarben zu zerlegen und sie mit zunehmender Entfernung zur Wasseroberfläche eine nach der anderen zu absorbieren. In größere Tiefen dringt nur Licht mit kürzeren Wellenlängen, das wir als blau oder blauviolett wahrnehmen.
Orsolya Haarberg

fassenden Kartierung des Meeresbodens begann. 1982 stieß das norwegische Erdölunternehmen Statoil auf den Förderfeldern „Askeladden" und „Heidrun" auf 15 Meter hohe Formationen. Es war eine kleine Sensation, als man herausfand, dass Korallenriffe vor dem norwegischen Kontinentalsockel zahlreich vorhanden sind. Das längste Lophelia-Riff erstreckt sich vor den Lofoten auf über 13 Kilometern.

Lophelia-Korallen bevorzugen strömungsreiche Standorte, an denen die Tiere mit ihren winzigen Polypen umherschwimmendes Plankton einfangen können. Bei konstanten Wassertemperaturen zwischen vier und zwölf Grad Celsius funktioniert das Riffsystem in vollständiger Dunkelheit, ohne eine Symbiose mit Algen und ohne Sonnenlicht. Die Riffe der Tiefe wachsen sehr langsam, im Durchschnitt sechs Millimeter pro Jahr. Die ältesten Formationen vor der Küste North Carolinas sind 40 000 Jahre alt.

Lophelia kann mehr als 30 Meter hohe Riffe bilden und bietet verschiedenen Gesellschaften von Schwämmen, Armfüßern, Muscheln und Krebstieren einen Lebensraum – rund 700 Arten. Die Riffe geben zahlreichen Fischen ein Zuhause, vor allem Rotbarsch, Lumb, Leng und Blauleng. Die größte Gefahr droht den Riffen durch den Menschen: Moderne Fischtrawler können ein 10 000 Jahre altes Riff binnen weniger Minuten zerstören. Wenn die Riffe verschwinden, entfernen sich auch die Fische. Norwegen war das erste Land, das im März 1999 Korallenriffe bei Sula und Haltenpipe unter Schutz stellte. Fundierten Schätzungen zufolge sind 30 bis 50 Prozent der Korallenriffe entlang des Norwegischen Schelfs geschädigt. Ein wissenschaftlicher Berater der Europäischen Fischereikommission empfahl daher eine genaue Kartierung und ein anschließendes Trawlerverbot für sämtliche europäischen Kaltwasserkorallenriffe.

Die Farbe des Meeres

Die meisten Ozeane scheinen blau zu sein. Unterschiedliche Meere weisen jedoch verschiedene Farben auf, und es ist ein weitverbreiteter Irrglaube, dass das Blau des Himmels Einfluss darauf hat, wie man das Meer wahrnimmt. Wenn man Meerwasser in einem Glas betrachtet, ist es durchsichtig und farblos. Wie entsteht also der blaue Eindruck? Während klares Wasser eine leichte Blaufärbung zeigt, wird das Blau intensiver, wenn man schnorchelt oder taucht. Das hängt damit zusammen, dass die Wassermenge, die man sieht, zunimmt, wenn man ins tiefe Wasser blickt.

Einige Meere, insbesondere die kälteren, erscheinen grün, was dem Phytoplankton geschuldet ist. Es enthält grünes Pigment, das Chlorophyll. Trotz seiner mikroskopischen Größe kann Phytoplankton, wenn es in großen Mengen blüht, die Farbe des Meeres so verän-

Schwertwal
Orcinus orca
Kristiansund, Nordmøre, Norwegen
Der Schwertwal gehört zu den Zahnwalen wie auch die Delfine. Der ebenfalls geläufige Name „Killerwal" geht vermutlich auf das englische „whale killer" zurück, da die Tiere in seltenen Fällen auch Bartenwale erbeuten.
Nils Aukan

Seekatze, Seeratte oder Spöke
Chimaera monstrosa
Trondheimfjord, Norwegen
Fische unterteilen sich in zwei Klassen: Knochen- und Knorpelfische. Eine Unterklasse der letzteren bilden Haie und Rochen, die andere die Seekatzen, die in der Tiefsee zu Hause sind.
Magnus Lundgren

Linke Seite:
Surferparadies
Amphipoda
Väderöarna, Schweden
Die zarten Flohkrebse leben gern als Untermieter auf Quallen oder in der Schirmglocke von Kammquallen. Ihr Wirt dient ihnen als Nahrung, bietet Schutz und spart dem „Surfer" zudem eine Menge Energie, da er nicht selbst schwimmen muss.
Magnus Lundgren

Rechte Seite:
Petersfisch
Zeus faber
Släggö, Lysekil, Schweden
Dank seiner extrem gedrungenen, fast scheibenförmigen Gestalt macht sich der Petersfisch Auge in Auge mit seinen Feinden – oder seiner Beute – nahezu unsichtbar.
Magnus Lundgren

«Mit jedem Atemzug, den wir machen, jedem Tropfen Wasser, den wir trinken, sind wir mit dem Meer verbunden.»

Sylvia Earle, US-Amerikanische Ozeanografin und Umweltschützerin

Zwergtintenfisch
Sepietta oweniana
Släggö, Lysekil, Schweden
Die Vertreter aus der Gruppe der zehnarmigen Tintenfische kommen in ganz unterschiedlichen Größen vor. Riesenkalmare erreichen eine Gesamtlänge von zwölf bis 14 Metern. Die Zwergtintenfische hingegen wie dieser Vertreter werden nur wenige Zentimeter lang.
Magnus Lundgren

dern, dass der Unterschied sogar aus dem Weltraum zu erkennen ist. Generell lässt sich festhalten, dass das Wasser umso grüner ist, je mehr Phytoplankton sich darin befindet, und umso blauer, je weniger Phytoplankton es enthält.

Die Beobachtung der Meeresfarbe aus dem All verhilft Wissenschaftlern zu einem besseren Verständnis des Phytoplanktons und dessen Folgen für das Weltklima. Die Organismen können trotz ihrer geringen Größe den Klimawandel beeinflussen, da sie Kohlendioxid zur Photosynthese verwenden. Im Gegenzug erzeugen sie rund die Hälfte des Sauerstoffs, den wir zum Atmen brauchen. Je größer der weltweite Bestand an Phytoplankton ist, desto mehr Kohlendioxid aus der Atmosphäre wird verbraucht. Das hat eine Temperaturabkühlung zur Folge, weil die Konzentration des Treibhausgases sinkt.

Der Rote Thun, ein kostbarer Schatz

Der weltweit meistbegehrte und meistgejagte Meeresfisch ist der Blauflossenthunfisch oder Rote Thun. Er kann mehr als vier Meter lang und über 600 Kilogramm schwer werden. Dank seiner Stromlinienform beschleunigt er bei der Jagd schneller als jeder Porsche. Für eine Atlantikdurchquerung benötigt der Fisch nicht einmal 60 Tage. Dabei ist er gezwungen, ständig in Bewegung zu sein, denn sein starrer Kopf macht es unmöglich, aktiv Wasser über die Kiemen einzupumpen. Es existieren zwei bekannte Populationen des Roten Thun. Die kleinere westatlantische, die bereits um mehr als 90 Prozent zurückgegangen ist, laicht im Golf von Mexiko. Die größere ostatlantische Population laicht in der Region rund um die Balearen.

Der Rote Thun wird in Japan für rohe Fischgerichte verwendet, 80 Prozent der Weltproduktion werden dort verzehrt. Im Mittelmeerraum entstehen nach wie vor zahlreiche Thunfischfarmen, um der großen Nachfrage gerecht zu werden. Alle Farmfische werden im offenen Meer gefangen, bevor sie Gelegenheit zum Ablaichen haben. Ein Thunfisch benötigt sehr viel Nahrung – zehnmal mehr als ein Lachs –, um ein Kilogramm zuzunehmen. Von den 30 Millionen Tonnen Fisch, die jährlich dem Meer entnommen werden, wird der größte Teil an Farmfische verfüttert. «Ein sofortiges Ende der Fischerei wäre der einzige Weg, den Zusammenbruch der Mittelmeerpopulation des Roten Thun zu verhindern und eine nachhaltige Fischerei in der Zukunft zu ermöglichen», sagt Dr. Sergi Tudela vom WWF.

Die nächsten Jahre werden über die Zukunft des bedeutendsten Ökosystems unseres wasserreichen Planeten entscheiden. Was also können wir tun? Denken wir an die Folgen, wenn wir das nächste Mal Fisch bestellen oder einkaufen, und genießen wir die weiten Ozeane, so oft und so intensiv wir können.

Eberfische
Capros aper
Pico, Azoren, Portugal
Der Eberfisch lebt üblicherweise am Meeresgrund in Tiefen von bis zu 600 Metern. Umso überraschender, diese ausgewachsenen Exemplare inmitten des Atlantiks zu finden, wo sie sich einer alten von Entenmuscheln überwucherten Boje nähern.
Magnus Lundgren

Folgende Seiten:
Walhai
Rhincodon typus
Azoren, Portugal
Er ist der größte Fisch der Welt. Um Nahrung aufzunehmen, schwimmt er mit weit geöffnetem Maul. Oder er saugt aktiv Wasser ein, indem er das Maul im Wechsel öffnet und wieder schließt.
Nuno Sá

Seiten 182/183:
Portugiesische Galeere
Physalia physalis
Pico, Azoren, Portugal
Trotz ihrer äußeren Erscheinungsform ist die Portugiesische Galeere keine Qualle. Es handelt sich um eine frei schwimmende Kolonie von zahlreichen Polypen, daher der Namenszusatz „Galeere". Jedes Einzeltier übernimmt eine Funktion: von der Ausbildung der hochgiftigen Tentakeln bis zur sackartigen Gasblase, die der Kolonie als Segel dient.
Magnus Lundgren

Nahrungsfilter
Cetorhinus maximus
Mit seinem weit geöffneten Maul filtert der Riesenhai Plankton, kleine Fische und Wirbellose aus dem Wasser. Rund 1 800 Tonnen strömen pro Stunde durch seine Kiemen.
Nuno Sá

Hinter der Kamera **Von Nuno Sá**

Riesenhaie *(Cetorhinus maximus)*
Isle of Mull, Schottland
[Breitengrad 56° 32' 52" Nord, Längengrad 6° 16' 56" West]

Die Isle of Mull ist ein echter Hotspot für die Wildtiere Schottlands. Obwohl das Gebiet vor allem für seine Vogelwelt bekannt ist, bin ich wegen der Meeresfauna hier: Robben, Zwergwale, Delfine, Schweinswale. Meine Hauptmission gilt dem zweitgrößten Fisch der Welt, dem Riesenhai.

Tag 1: An meinem ersten Tag an Bord der „Sula Crion" machen wir uns auf den Weg zur kleinen Insel Coll, wo nur drei Tage zuvor Riesenhaie vor den weißen Sandstränden der Crossapol Bay gesichtet worden sind. Unser Kapitän James scheint ein erfahrener Seemann zu sein. Im Laufe der Reise erweist er sich als eine außergewöhnliche Persönlichkeit. Voller Engagement, erfüllt von einem geradezu missionarischen Eifer, seinen Passagieren die Tierwelt Schottlands näherzubringen. Stundenlang suchen wir den Horizont ab, wobei wir manchmal bis zu 30 Minuten lang auf der Stelle dümpeln, warten und hoffen ... Während einer dieser Pausen kann ich zum ersten Mal erleben, wie sich das Tauchen in schottischen Gewässern anfühlt: Wassertemperatur zwölf bis 13 Grad, Sichtweite rund fünf Meter und Hunderte von Quallen, die sich wie in einem gemeinsamen langsamen Tanz schimmernd durch das dunkelgrüne Wasser bewegen. Zwölf Stunden lang halten wir Ausschau nach den Haien, geben schließlich auf und kehren zurück an Land.

Tag 2: Die See erscheint wie ein riesiger Spiegel, der die weißen Wolken reflektiert, und die kleinen Inseln verschwinden langsam am Horizont – immer noch keine Haie. Nachdem wir sechs Stunden lang alle bekannten Hotspots aufgesucht haben, entscheidet sich James für eine drastische Richtungsänderung gen Norden. «Bauchgefühl», meint er mit einem Lächeln auf den Lippen. Einige Stunden später übertönt ein durchdringender Schrei die monotone Geräuschkulisse des 300 PS starken Dieselmotors: ein Hai! Während ich wie von selbst in meinen Tauchanzug steige, kann ich am Horizont eine große Flosse ausmachen, die die ruhige Wasseroberfläche durchschneidet. Etwa 50 Meter von der Silhouette entfernt lässt James mich ins Wasser hinab, und ich schwimme darauf zu. Ab und zu hebe ich den Kopf aus dem Wasser, um sicherzugehen, dass ich die Richtung halte. Wenige Minuten später kann ich einen mächtigen Schatten ausmachen, der in dem planktonreichen, grünlichen Wasser gemächlich an mir vorbeischwimmt. Ungefähr 25 Minuten lang versuche ich, mit dem Hai mitzuhalten, und muss schließlich kapitulieren, als die Flosse am Horizont immer kleiner wird.

Während ich mich im Wasser treiben lasse und auf das Boot warte, schaue ich mir die wenigen Bilder an, die ich bei dieser kurzen Begegnung habe einfangen können. Plötzlich nehme ich eine weitere beachtliche Silhouette aus dem Augenwinkel wahr und sehe einen acht Meter langen Riesenhai nur knapp einen Meter entfernt an mir vorbeigleiten. Ihm folgt ein zweiter Hai, der mit weit geöffnetem Maul unter mir entlangstreicht. Instinktiv mache ich ein Bild nach dem anderen, während die

Schnorcheln mit Riesenhaien
Cetorhinus maximus
In den Sommermonaten kann man vor England und Schottland mit den gutmütigen Giganten schnorcheln. Die Begegnung mit dem zweitgrößten Fisch der Weltmeere ist eine Erinnerung fürs Leben!
Nuno Sá

Riesen unter Schutz
Cetorhinus maximus
Da die Bestandszahlen der Riesenhaie extrem rückläufig sind, dürfen die Tiere in Europa nicht mehr gezielt befischt oder als Beifang verkauft werden.
Nuno Sá

beiden Haie mich umkreisen. Sekunden später sind sie verschwunden, genauso schnell, wie sie erschienen waren. Bis zum Ende des Tages sichten wir etwa 20 weitere Riesenhaie. Auf dem Weg zurück zur Küste haben wir Glück und können drei andere Haie beobachten, keine 100 Meter von der Isle of Coll entfernt. Dieses Mal begleiten mich Mark und Özgür auf meinem Tauchgang. Wieder kommen zwei dieser prachtvollen Wesen ganz nah an uns heran, umkreisen uns eine gefühlte halbe Ewigkeit lang, auch wenn es in Wirklichkeit nur knapp drei Minuten sind.

Tag 3: Nach vier Stunden Schlaf fiebere ich dem Tag entgegen, will diesen grandiosen Anblick unbedingt noch einmal erleben: ein riesiges, weit aufgesperrtes Maul, das plötzlich im dunklen Wasser erscheint, und tiefschwarze Augen, die zum Greifen nah an mir vorbeiziehen. Ungefähr sechs Stunden lang halten wir Ausschau. Vergeblich. James entscheidet, uns in eine kleine abgelegene Bucht zu fahren. Umgeben von weißen Sandstränden und kleinen Inseln mit Vogelkolonien können wir mit den Robben schwimmen. Die Meeressäuger sind zwar etwas kamerascheu, aber das Erlebnis bleibt unvergesslich.

Tag 4 und 5: Heute fahren wir etwas später los. Wir wollen die richtige Tide erwischen. Wir sind gerade ausgelaufen, da erreicht uns eine Meldung vom Forschungsschiff „Silurian", dass nördlich der Insel Tiree bis zu 50 Haie gesichtet worden seien. James gibt die Koordinaten in das GPS ein – die Entfernung beträgt sechseinhalb Stunden Fahrzeit. «Was meinst du, zu weit weg?», frage ich. «Keine Zeit verlieren, volle Kraft voraus!» So seine Antwort.

Abends um halb acht, als das Licht noch halbwegs ausreichend ist für Unterwasseraufnahmen, erreichen wir das Gebiet. Riesige, aus dem Wasser ragende Rückenflossen patrouillieren vor der Küste. Am Horizont durchbricht hier und da ein Hai mit seinem ganzen Körper die Wasseroberfläche. Eine Stunde und drei neugierige Haie später geht die Sonne unter. Sechs Stunden Rückfahrt bis zum Hafen liegen vor uns, nur um am nächsten Tag die gleiche Entfernung erneut zurückzulegen. Doch unser unermüdlicher Kapitän James hat bereits eine Lösung: Wir ankern vor der Insel Tiree und übernachten an Bord. An Deck grillen wir Makrelen, die Pete und Andy im Laufe des Tages gefangen haben, während der Himmel sich golden färbt und einige Delfine uns Gesellschaft leisten.

Nach einer Nacht auf dem Fußboden der „Sula Crion", gebettet auf zwei Schwimmwesten, werde ich wach. Diesmal können wir nur mit einer Gruppe von vier Haien schwimmen. Dann ist es Zeit, die Rückfahrt anzutreten. Doch als der letzte Hai sich nähert, gelingt mir endlich die Aufnahme, auf die ich gehofft habe: Sein großes Maul ist so weit geöffnet, so nah, dass ich zurückschwimmen muss, um das Bild in Gänze einzufangen. Der Abschied naht, und ich habe nur einen Gedanken: Wie privilegiert ich doch bin, eine solche Erfahrung gemacht zu haben, und wie überaus dankbar ich all den Menschen bin, die mir die Reise ermöglicht haben. James, Mark, Özgür, Pete und Andy – sie alle waren hervorragende Reisebegleiter. Auf dem Rückweg genieße ich an Deck meinen vorerst letzten Sonnenuntergang in Schottland. Aber ich werde wiederkommen. Ganz bestimmt.

Nordmeere

Ein großer Eisbär durchstreift gemächlich eine Welt aus weißem Schnee und blauem Eis im Van-Mijen-Fjord auf Spitzbergen. Er ist auf Beutezug. An einem anderen Teil der norwegischen Küste, in Møre, zerteilt die tiefschwarze, zwei Meter hohe und scheinbar messerscharfe Rückenflosse eines Schwertwals die Wasseroberfläche. Nach kurzer Zeit folgen dem Orca acht weitere Artgenossen auf der Jagd nach Heringen. Sie kommen an die Oberfläche, um Luft zu holen, und für Sekunden hängt der feine Nebel ihres Atems in der Luft. Am Saltstraumen, etwas weiter nördlich, rauscht ein anderer Jäger, ein türgroßer Heilbutt, mitten hinein in einen Schwarm Seelachse, die zu Tausenden in alle Richtungen auseinanderstieben. Diese wilden Wasser des Nordens sind kalt, aber auch extrem reich an Nährstoffen und Sauerstoff. Sie bieten einer bunten Vielfalt von Arten eine Heimat: einzigartigen Säugetieren und Vögeln, eigentümlichen Wirbellosen sowie zahlreichen Fischarten. Das Nordpolarmeer, die Barentssee, die Grönlandsee und die Norwegische See zählen zu den fruchtbarsten Meeresgebieten der Welt.

Die großen Wanderungen im Norden

Eine Schwertwalfamilie treibt einen dichten Schwarm von Zehntausenden, pfundschweren Atlantischen Heringen zur Form eines Balls zusammen. Unaufhörlich umkreisen die Orcas ihre Beute und erzeugen eine Wand aus aufsteigenden Luftblasen, um die Heringe in Schach zu halten. Dicht unter der Wasseroberfläche, einer nach dem anderen, schießen sie in die Schule hinein. Ihre Schwanzflossen peitschen in den Schwarm und betäuben so zehn bis 15 Fische auf einmal. In bester Feinschmeckermanier sammeln sie dann Fisch für Fisch aus der Menge. Diese Jagdtechnik, die sogenannte Karusselljagd, ist bei den Schwertwalen vor Norwegens Küste häufig zu beobachten. In der Luft wartet bereits ein ganzes Heer von Möwen, um am Festmahl teilzuhaben. Ein grandioses Naturschauspiel des Nordens.

Riesige Schneeflocken scheinen waagerecht über den salzigen Wellen zu schweben. Es ist später Winter in der Norwegischen See. Unter der Wasseroberfläche macht sich ein endloser silberner Zug auf in südlichere Gefilde, um dort zu laichen. Die Heringswanderung entlang der norwegischen Küste wird bisweilen mit den gigantischen Laichwanderungen von Abermilliarden pazifischer Sardinen vor Südafrika verglichen. Es ist die Tierwanderung in den Meeren des Nordens schlechthin. Ein Heringsschwarm kann bis zu vier Kubikkilometer groß sein und die unglaubliche Zahl von vier Milliarden Fischen umfassen. Der Zeitpunkt des Aufbruchs zur großen Heringswanderung sowie das endgültige Ziel variieren je nach Population. Der Atlantische Hering ernährt sich vorwiegend von Plankton. Ist eine hohe Planktonkonzentration vorhanden, schwimmt er mit offenem Maul und kann, wie ein winziger Wal, die eingeschwemmten Organismen mithilfe seiner Kiemenreuse aus dem Wasser filtern.

Viele Wildtiere im Meer sind auf die reichen Heringsbestände als Hauptnahrungsquelle angewiesen: Wale, Delfine, Seevögel, Tintenfische, Robben, Dorsche, Thunfische, Lachse. Auch die Fischer. Das Tier aber, das am engsten und offensichtlichsten mit diesen Heringsbeständen verbunden ist, ist der Schwertwal. Für ihn ist der Atlantische Hering in den norwegischen und isländischen Gewässern die Hauptbeute. Wo immer die Heringe hinwandern, die Wale folgen ihnen auf ihrer langen Reise und führen ein echtes Nomadenleben.

Papageitaucher
Fratercula arctica
Látrabjarg, Island
Die Klippen in Látrabjarg, 14 Kilometer lang und 440 Meter hoch, sind ein wichtiger Brutplatz für Millionen von Seevögeln. Sie werden hauptsächlich von Papageitauchern, Basstölpeln und Trottellummen bevölkert. 40 Prozent des Weltbestands von Tordalken brüten hier.
Orsolya Haarberg

Folgende Seiten:
Wollgras auf Grönland
Eriophorum sp.
Saqqaq, Grönland
Grönland wird seit über 5 000 Jahren von Inuit bewohnt. Neue DNA-Analysen aus dem Dorf Saqqaq deuten darauf hin, dass Saqqaq-Inuit aus Sibirien stammten und nicht, wie allgemein angenommen, aus Nordamerika.
Kai Jensen

Seiten 194/195:
Seeadler
Haliaeetus albicilla
Flatanger, Norwegen
Die wachsende Seeadlerpopulation an der norwegischen Küste stimmt optimistisch. Ihre Erfolgsgeschichte ist ein gelungenes Beispiel dafür, wie die Zusammenarbeit von Einzelpersonen, lokalen Behörden, gemeinnützigen Vereinen und Regierungsstellen Großes bewirken kann.
Staffan Widstrand

Orcas sind die größten Mitglieder der Delfinfamilie und die wohl bedeutendsten Räuber der Weltmeere. In den offenen Gewässern der Tropen sind sie ebenso zu Hause wie an den Polen.

Die Planktonblüte des arktischen Sommers lockt die Riesen der Meere herbei. Bartenwale schwimmen Tausende von Kilometern, um in diesem überreichen Buffet mariner Kleinstorganismen zu schwelgen. Schnelle Schwimmer wie der Seiwal, der Minkwal oder der Finnwal schließen sich den singenden Buckelwalen an. Sogar das größte Säugetier der Erde taucht dann auf, der seltene Blauwal. Bedingt durch das konstante Tageslicht, das kontinuierlich Photosynthese ermöglicht, beginnt eine unermessliche Zahl an pflanzlichem Plankton zu blühen. Das wiederum erzeugt eine wahre Explosion von tierischem Plankton wie Krill und anderen kleinen krebsähnlichen Krustentieren, die sich von diesen winzigen pflanzlichen Organismen ernähren. Binnen kürzester Zeit sind die nördlichen Meere im Sommer sehr energie- und nährstoffreich.

Die Ambitionen der Seevögel ähneln denen der Wale. Sie ziehen über sehr weite Strecken, um den langen Sommer zu nutzen und ihre Jungen vom üppigen Angebot der Meere zu nähren. Abermillionen Seevögel besiedeln die Küstenlinien im nördlichen Skandinavien, in Island, auf Spitzbergen, in Grönland und der Barentssee bis hinunter zu den Gewässern um Großbritannien und Irland. Viele von ihnen sind sowohl ausgezeichnete Fischer als auch bemerkenswerte Taucher wie etwa der farbenprächtige Papageitaucher oder sein Verwandter, der elegante Tordalk. Beide können etliche Fische in ihrem Schnabel tragen, halten sie mit der Zunge fest gegen den Oberschnabel gedrückt, während sie weiterfischen. Der Atlantische Papageitaucher ist ebenfalls ein meisterlicher Taucher. Mit kräftigen Flügelschlägen „fliegt“ er unter Wasser und stößt in Tiefen bis zu 70 Meter vor – ein bisschen wie ein Pinguin des Nordens.

Die Fischwanderung ist ein sehr komplexes Phänomen, wie der Atlantische Kabeljau, die ökonomisch wertvollste Fischart für uns Menschen, sehr anschaulich zeigt. Im Nordostatlantik leben die weltweit größten Kabeljaubestände, die in zwei Populationen unterteilt sind, die Küsten- und die Meerespopulation. Während die Fische der Küsten sich mehr oder weniger immer am gleichen Abschnitt aufhalten, unternimmt die Meerespopulation lange Wanderungen. Beispielsweise zieht der Kabeljau der nordöstlichen Arktis von seiner Kinderstube hoch oben in der Barentssee bis zu seinen Laichgründen entlang der Lofoten vor der Küste Norwegens. In großer Zahl treffen die größten Tiere dort Ende Januar als erste ein. In Norwegen heißt der Kabeljau Skrei, der „Wanderer“. Seit Menschengedenken ist der Skrei die Grundlage für ein gewinnbringendes Geschäft. Der getrocknete Kabeljau von den Lofoten gehört seit Jahrhunderten

Tordalk
Alca torda
Saltee Islands, Island
Der Tordalk ist der größte lebende Vertreter aus der Familie der Alken und ein hervorragender Taucher. Er sucht in Tiefen von 25 Metern nach Nahrung, kann aber bis auf 120 Meter hinuntertauchen.
Pål Hermansen

Ringelrobbe
Pusa hispida
Spitzbergen, Norwegen
Die Ringelrobbe ist die häufigste Robbenart im Nordpolarmeer und den umliegenden Meeren. Nach Fischen taucht sie nur sehr kurz, kann aber bei Gefahr bis zu 45 Minuten unter Wasser bleiben.
Staffan Widstrand

Folgende Seiten:
Polarfuchs
Alopex lagopus
Trygghamna, Spitzbergen
Dieser Allesfresser hat zwar eine Vorliebe für Nagetiere, doch auch Pflanzen, Beeren, Insekten und Aas stehen auf der Speisekarte. In guten Lemmingjahren, wenn es reichlich Nahrung gibt, kann der Polarfuchs bis zu 18 Junge gebären. Üblicherweise sind es drei bis sechs. Hin und wieder folgt er Eisbären in sicherer Entfernung, in der Hoffnung auf Futterreste, die ein gut genährtes Exemplar manchmal übrig lässt.
Mireille de la Lez

zur portugiesischen Küche, wo er als Bacalhau auf den Tisch kommt. Ein klassisches Gericht, das in der Mittelmeerregion überaus beliebt ist. Selbst in so entfernten Ländern wie Nigeria ist ein traditionelles Hochzeitsfest ohne beachtliche Mengen an getrocknetem und gesalzenem Skrei von den Lofoten undenkbar.

Ein Meer aus Eis

Bei bitterkalten Wintertemperaturen, oft um die minus 50 Grad, gefriert die obere Wasserschicht des Nordpolarmeers zu einer ein Meter mächtigen Eisdecke. Unter diesem Eispanzer überleben Mikroben und Amphipoden (Flohkrebse), während große Meeressäuger sich oben auf dem Eis aufhalten. Robben gebären hier ihre Jungen, und Walrosse nutzen sie als Ruhebänke, Eisbären als weites Jagdgebiet. Sie alle sind angewiesen auf die Festigkeit der winzigen Eiskristalle. Die dicke Eisdecke ist ihre Lebensgrundlage. Andere Säugetiere sind ebenfalls an das Leben in unmittelbarer Nähe des ewigen Eises angepasst wie etwa der Weißwal (Belugawal), der Narwal oder der Grönlandwal, ein echtes Schwergewicht. Alle sind bestens gerüstet für ein Leben in der unwirtlichen Umgebung, die ein halbes Jahr lang zu einer dunklen Eiswelt gefriert, bis unter der endlos scheinenden Mitternachtssonne das Leben wieder erwacht.

Das vereiste Nordpolarmeer ist das kleinste, flachste und am wenigsten salzige der fünf großen Weltmeere. Der niedrige Salzgehalt ist vor allem auf eine geringe Verdunstung sowie einen erhöhten Zustrom von Schmelzwasser der Eismassen und Flüsse der umliegenden Kontinente zurückzuführen. Russland, Kanada, Grönland und Alaska umschließen das Nordpolarmeer fast gänzlich. Nur zwei wilde europäische Inselgruppen, Spitzbergen und Franz-Josef-Land, liegen noch zwischen den Landmassen Europa und Grönland. Hier, in den kalten Gewässern der Grönlandsee, der Barentssee und der Norwegischen See, treffen das Nordpolarmeer und der Atlantische Ozean aufeinander.

Im Winter friert das Nordpolarmeer zu und wird von einer dicken Eisschicht bedeckt, die sich bis in die Barentssee und Grönlandsee erstreckt. Im Sommer schmilzt diese Eisschicht bis auf weniger als die Hälfte ab. Die überwiegende Mehrheit der Wissenschaftler äußert sich heute sehr besorgt über die bereits spürbaren Folgen des Klimawandels in der Arktis. Nach aktuellen Vorhersagen könnte das Schmelzen des Sommereises dazu führen, dass das Nordpolarmeer bereits 2020 zum ersten Mal in der Geschichte der Menschheit eisfrei ist. Andere Prognosen gehen vom Jahr 2100 oder später aus. Eine weitere Folge der steigenden Temperaturen in der Arktis wäre ein massiver Einstrom von Schmelzwasser in den Nordatlantik. Der wie-

Vorhergehende Seiten:
Kalbender Gletscher
Smeerenburg-Fjord, Spitzbergen, Norwegen
Ein kalbender Gletscher ist ein spektakulärer Anblick. Man sieht und hört, wie die Eismassen ins Wasser krachen.
Mireille de la Lez

Walross
Odobenus rosmaris
Spitzbergen, Norwegen
Die alte Theorie, wonach das Walross seine Stoßzähne gebraucht, um auf dem weichen Meeresgrund nach Nahrung zu suchen, ist heute widerlegt. Wissenschaftliche Untersuchungen der Abnutzungsspuren an Stoßzähnen haben ergeben, dass das Walross mit der Schnauze nach Nahrung gräbt und die Stoßzähne lediglich über den Grund schleifen.
Staffan Widstrand

derum könnte wichtige globale Strömungsmuster stören, was zu drastischen Klimaveränderungen rund um den Globus führen könnte.

Stoßzahnbewehrten Giganten aus der Vorzeit gleich, liegt eine Gruppe von Walrossbullen teilweise übereinander auf einer sogenannten Ruhebank in Spitzbergen. Zwei von ihnen, jeweils anderthalb Tonnen schwer, heben mit tiefen Grunz- und Stöhnlauten den Kopf und präsentieren ihre 50 Zentimeter langen Stoßzähne. Diese Zurschaustellung der Rangordnung gehört zum typischen Bild einer Walrossherde. Das Walross ist die größte Robbenart Europas. Weibliche wie männliche Tiere besitzen sehr auffällige Stoßzähne, wobei die der Bullen deutlich größer werden. Sie dienen nicht nur Imponiergehabe und Rivalenkämpfen, sondern werden auch dazu benutzt, Löcher in das Eis zu stoßen, sich an Eisschollen hochzuziehen und sich gegen Eisbären zur Wehr zu setzen. Walrosse ernähren sich fast ausschließlich von Muscheln, die sie am Meeresboden finden. Jahrtausendelang wurden sie von den Ureinwohnern erlegt, doch erst die kommerzielle Jagd auf Tran und Elfenbein, die im Mittelalter einsetzte, führte schnell fast zur Ausrottung der gesamten Art. Seit den 1950er-Jahren steht das Walross in Europa unter Schutz, und die Bestände regenerieren sich allmählich, insbesondere auf den Inselgruppen von Spitzbergen und Franz-Josef-Land sowie in der südlichen Barentssee. Walrosse sind auch entlang der Ostküste Grönlands anzutreffen. Vielleicht kehren sie bald an die Küsten Skandinaviens und ins Weiße Meer zurück.

Das ewige Eis ist die Heimat vieler Robbenarten, die ihrerseits als wichtige Tiergruppe in den marinen Ökosystemen der Arktis gelten. Bart-, Ringel-, Mützen- und Sattelrobben sowie Seehunde sind, wenn es die Situation erfordert, außerordentlich gute Taucher. Sie jagen Fische und Tintenfische sowie in tieferen Schichten und am Meeresboden Dorsche und Flundern beziehungsweise Krebse, Krabben, Garnelen und Muscheln. Eine Bartrobbe kann mit einem einzigen Atemzug hinab auf 450 Meter Tiefe tauchen und bis zu 30 Minuten am Stück unter Wasser bleiben. Alle Robben verfügen über scharfe und starke Krallen, mit deren Hilfe sie während des langen Winters ihre Atemlöcher eisfrei halten. Bart- und Ringelrobben leben in unmittelbarer Nähe zum Polareis, während Mützen- und Sattelrobben eher dem offenen Meer zugewandt sind. Alle Robbenarten sind auf die Eisdecke angewiesen, um darauf ihre Jungen zur Welt zu bringen. Zu Frühlingsbeginn wird der Nachwuchs auf dem Eis geboren, fast ausnahmslos innerhalb derselben Woche. Ringelrobben säugen ihre Jungen sehr lange, meist an vier bis sechs verschiedenen Plätzen, um sie vor schlechter Witterung und Eisbären zu schützen. Die Sattelrobbe dagegen säugt ihre Jungen nur zwölf Tage lang. Ihre Milch enthält 50 Prozent Fett und lässt die Kleinen schnell heranwachsen. Pro

Gletschereis am Strand
Öraefi, Island
Entlang der südlichen Küste Islands bearbeitet die raue See das Gletschereis einer Küstenlagune.
Orsolya Haarberg

Eis-Skulptur
Öraefi, Island
Wie ein Stück Glas haben die Wellen einen Eisblock geschliffen und ihn als ein Kunstwerk der Natur auf den schwarzen Vulkansand der Küste gespült.
Orsolya Haarberg

Folgende Seiten:
Eisbär
Ursus maritimus
Spitzbergen, Norwegen
Der Eisbär trägt winters wie sommers das gleiche Fell. Alle Haare sind hohl und bieten ihm so einen optimalen Kälteschutz. Man geht davon aus, dass sie das Licht auf die schwarze Haut des Eisbären leiten und so dem Tier zusätzlich Wärme zuführen.
Staffan Widstrand

Tag nehmen sie mehr als 2,2 Kilogramm zu. Die Jungen der Mützenrobben werden bereits in einem sehr weit entwickelten Stadium geboren und nach nur vier Tagen auf dem Eis alleingelassen. Das ist die kürzeste Stillzeit aller Säugetiere. Solange die Robbenbabys noch nicht tauchen und schwimmen können, sind sie leichte Beute für Schwertwale, Grönlandhaie, Polarfüchse, Möwen, Kolkraben und natürlich Eisbären. Selbst Walrosse wurden schon dabei beobachtet, wie sie Robbenbabys und sogar ausgewachsene Seehunde erlegten.

Die neugeborenen Sattel- und Mützenrobben werden wegen ihres begehrten weißen Pelzes seit Jahrzehnten grausam getötet. Das Erschlagen Zehntausender Jungrobben hat weltweit einen Sturm der Empörung ausgelöst. In vielen Ländern wird diese Praxis angeprangert, und Produkte aus Robbenfell werden boykottiert. Die beträchtlichen Subventionen der norwegischen und russischen Regierung an Jäger und Fellindustrie sorgen für eine Fortführung der schonungslosen Praktik, wenngleich sie stark reduziert wurde. Ohne finanzielle Unterstützung wäre dieses Vorgehen längst Geschichte.

Weitere Bedrohungen für die Robben sind der Tod als „Beifang" in Fischernetzen, Verschmutzung bei Ölkatastrophen, Vergiftung durch Industrieschadstoffe wie Schwermetalle und PCB. Die kommerzielle Fischerei konkurriert außerdem mit ihnen um ihre Nahrung. Den größten Anlass zur Sorge geben heute die Folgen des Klimawandels: Die vom Packeis bedeckte Fläche wird immer kleiner, oder es bleibt ganz aus, weil es im Winter gar nicht mehr entsteht.

Es ist Spätwinter. Ein hungriger junger Eisbär läuft über das Packeis und hält witternd nach Nahrung Ausschau. Er ist weit vom offenen Meer entfernt und sucht nach einem Atemloch im Eis, um dort eine Robbe abzupassen, die zum Luftholen auftaucht. Nach einiger Zeit wird er fündig. Er legt sich auf die Lauer und wartet geduldig. Nach einer guten Stunde nähert sich tatsächlich eine Ringelrobbe von unten dem Loch und stoppt knappe drei Meter unter der Oberfläche, um die Lage zu prüfen. Alles scheint okay, doch die Robbe schickt sicherheitshalber einige Luftblasen nach oben. Von der plötzlichen Wasserbewegung alarmiert, stürzt sich der Eisbär auf die Blasen. Die Robbe schwimmt rasch weiter zu einem anderen ihrer zahlreichen Atemlöcher. Der junge Eisbär setzt sich wieder in Bewegung; er hat etwas gelernt, ist aber nach wie vor hungrig. Dieses Symboltier der Arktis ist tatsächlich ein Meerestier. Als hervorragender Langstreckenschwimmer, guter Taucher und gefürchteter Jäger benötigt er jedoch das Meereis zum Ausruhen und für die Jagd. In Zeiten schwindenden Polareises ist der Eisbär gewissermaßen zum Synonym für den Klimawandel geworden. Bei all seiner Kraft ist er doch auf einen Lebensraum angewiesen, der höchst gefährdet und raschem Wandel unterworfen ist.

Taschenkrebs
Cancer pagurus
Saltstraumen, Bodø, Norwegen
Der robuste Taschenkrebs mit einer Schildbreite von bis zu 25 Zentimetern hat auch in starker Strömung einen sicheren Stand. Er bewegt sich langsam, wandert mitunter aber bis zu 100 Kilometer auf dem Meeresboden entlang. Er ist der meistgefischte Krebs im westlichen Europa.
Magnus Lundgren

Köhler
Pollachius virens
Saltstraumen, Bodø, Norwegen
Unter einer von Wellen umspülten Klippenwand vor der Küste von Oksebåsen versammeln sich Köhler in großen Schwärmen. Hier, im strömungsreichen Wasser, ernähren sie sich von Krustentieren. Im Supermarkt ist er als Seelachs erhältlich. An dieser Stelle im Saltstraumen können sich die Köhler satt fressen – jeden Tag.
Magnus Lundgren

Bunte Kammmuschel/ Kleine Pilgermuschel
Aequipecten opercularis
Lofoten, Norwegen
Muscheln sind ausgezeichnete Schwimmer. Sie entkommen ihren Verfolgern wie dem Seestern, indem sie blitzschnell ein kurzes Stück davonschwimmen. Durch abwechselndes Öffnen und Schließen des Muskels in ihrer Schale erzeugt die Kammmuschel einen scharfen Wasserstrahl, der ihr diese überraschende Beschleunigung ermöglicht.
Magnus Lundgren

Folgende Seiten:
Pferdeaktinie
Urticina eques
Saltstraumen, Bodø, Norwegen
Im Saltstraumen, dem stärksten Gezeitenstrom der Welt, wird es eng auf den Unterwasserklippen. Die auffälligen roten Seerosen drängen sich dicht an dicht im ständigen Kampf um die besten Plätze in der Strömung. Aktinien (Seeanemonen) ernähren sich fast ausschließlich von Plankton. Doch mit ihren klebrigen, brennenden Tentakeln erbeuten sie auch Krustentiere, Seespinnen, Quallen und kleine Fische.
Magnus Lundgren

Seiten 214/215:
Landschaft in der Strömung
Sundströmmen, Bodø, Norwegen
Sundströmmen ist ein schmaler Kanal, an einem Ende verbunden mit den gewaltigen Wassermassen des Saltstraumen. Die gesamte Unterwasserlandschaft ist in ein farbenprächtiges Gewand aus Seeanemonen, Muscheln, Korallen, Schwämmen und Tang gehüllt.
Magnus Lundgren

«Den Wert des Wassers können wir so lange nicht bemessen, bis der Brunnen versiegt.»

Thomas Fuller, englischer Mediziner, in „Gnomologia“, 1732

Linke Seite:
„Sternschnuppe", Gemeiner Seestern
Asterias rubens
Saltstraumen, Bodø, Norwegen
Als ein Taucher unter einen Überhang schwimmt, treffen Luftblasen seines Atemreglers auf das Gestein über ihm. So gestört lassen sich einige Seesterne von dort fallen und taumeln wie Blätter durch das Wasser. Ein Anblick, der dem Begriff „Sternschnuppen" eine ganz neue Bedeutung verleiht.
Magnus Lundgren

Rechte Seite:
Gespenstkrebs
Caprellidae sp.
Saltstraumen, Bodø, Norwegen
Ein Gespenstkrebs, nur 15 Millimeter groß, schickt sich an, kleine Polypen von einer baumartigen Hydrozoenkolonie zu fressen. Gespenstkrebse bevorzugen Standorte mit starker Strömung und richten sich dort auf, um vorbeitreibende Krustentiere zu erhaschen.
Magnus Lundgren

Die großen Wasser des Nordens

Irgendwo zwischen dem Reich der Tigerhaie vor den Bahamas und dem der Unechten Karettschildkröten vor der Küste Floridas nimmt der mächtige Golfstrom seinen Anfang. Hier beginnt er seinen langen Weg in Richtung Nordosten, quer durch den gesamten Atlantik. Westlich von Irland teilt er sich. Sein nördlicher Arm, der Nordatlantische Strom, fließt in die Norwegische See und dann weiter nordwärts zur Barentssee. Schließlich erreicht die salzhaltige, relativ warme Strömung das Nordpolarmeer, weit jenseits des Polarkreises. Die Zusammenführung des warmen und kalten Wassers ist nur ein Teil des riesigen Zirkulationsmusters aller großen Meere. Der Zustrom wärmerer und salzhaltigerer Wassermengen bildet eine wesentliche Basis der gesamten Meeresflora und -fauna des Nordens. Seit Hunderten von Generationen dient sie ebenfalls den Menschen entlang der Küsten der Nordmeere als Lebensgrundlage.

Eine weitere große Strömung, die die Nordmeere passiert, fließt von Norden gen Süden. Ihren Anfang nimmt sie östlich der eisigen Grönlandsee. Einem Förderband gleich transportiert der Ostgrönlandstrom etwa 90 Prozent des gesamten Meereises südwärts, das das Nordpolarmeer verlässt. Dieser Durchfluss bildet eine wichtige Verbindung zwischen dem Nordpolarmeer und dem Atlantik. Mächtiges saisonales Packeis machte es jahrhundertelang praktisch unmöglich, die Ostküste Grönlands im Sommer per Schiff zu erreichen. Im Jahr 2002 wurde zum ersten Mal über den Ostgrönlandstrom kein Eis transportiert. Das hat sich seither in fünf weiteren Sommern wiederholt – ein durchaus besorgniserregendes Zeichen.

Die Norwegische See, die Barentssee, die Grönlandsee und ihre benachbarten Gewässer, die an das Nordpolarmeer grenzen, sind die kalten und fruchtbaren Meere Nordeuropas. Der Nordatlantische Strom hält den Südwesten der Barentssee und die gesamte Küste Norwegens ganzjährig eisfrei. Zur Norwegischen See gehört ein Ozeanbecken mit einer Durchschnittstiefe von 2000 Metern. Insgesamt jedoch weist sie, im Gegensatz zur angrenzenden Barentssee, nur eine Tiefe von durchschnittlich 230 Metern auf. Die Mischung aus flachen und tiefen Zonen mit warmem und salzreichem Wasser verleiht dem Meer eine außerordentliche Dynamik, Fruchtbarkeit und Ertragsfähigkeit. Sie spielt eine wichtige Rolle für den gesamten Küstenraum, die Kelpwälder, die faszinierenden Kaltwasser-Korallenriffe und die tiefen Fjorde. Andere Teile der Barentssee, die nördlichen und westlichen Randgebiete, frieren den Winter über zu, desgleichen das Weiße Meer zwischen der Kola-Halbinsel und dem russischen Festland.

Gestreifter Seewolf mit Seeigel
Anarhichas lupus
Saltstraumen, Bodø, Norwegen
Der Gestreifte Seewolf ist bestens ausgestattet mit kräftiger Kiefermuskulatur, spitzen Vorderzähnen und stumpfen Kauzähnen weiter hinten im Maul. Mit solchen Werkzeugen zerbeißt er mühelos die Schale eines Seeigels, um an das weiche Innenleben zu gelangen. Muscheln und Krustentiere werden auf die gleiche Weise geknackt.
Magnus Lundgren

Kliesche
Limanda limanda
bei Reykjavik, Island
Tagsüber versteckt sich die Kliesche gern im Sand. Wird sie gestört, flüchtet sie blitzschnell und lässt so eine Sandwolke hinter sich, um mögliche Fressfeinde zu verwirren. Die Plattfischart erreicht eine Länge von bis zu 40 Zentimetern und ein Gewicht von bis zu einem Kilogramm.
Magnus Lundgren

Folgende Seiten:
Großer Schwertwal
Orcinus orca
Kristiansund, Nordmøre, Norwegen
Die öffentliche Meinung über in Gefangenschaft gehaltene Orcas (Schwertwale) hat sich gewandelt. In Freiheit schwimmen Orcas täglich 160 Kilometer, leben und jagen in festen Familienverbänden und kommunizieren mit ständigen Lautäußerungen. Derzeit werden noch 42 Orcas in Aquarien gehalten.
Nils Aukan

Im Regenwald des Meeres

Gewaltige Wogen vom Nordatlantik branden an die Klippen, während sich unter der Wasseroberfläche ein surrealistischer Wald, dem Rhythmus der Dünung folgend, gemächlich hin und her wiegt. Dabei handelt es sich nicht um einen gewöhnlichen Wald. Es ist ein Unterwasserdschungel, ein Urwald aus riesigem, braunem Seetang, Kelp genannt. Der Kelp wächst mit über zwei Meter hohen Stängeln aus dem nackten Felsboden, die langen und breiten braunen Blattspreiten tanzen in den nährstoffreichen Gewässern. Im Frühling sprießen frische Wedel und erwarten die sonnenreiche warme Jahreszeit. Einige der langen gummiartigen Blätter sind bereits mit zarten Napfschnecken geschmückt, schimmernden, blau geränderten Juwelen gleich.

Die Sonnenstrahlen wärmen die Seehunde, die sich aus eben diesem Grund auf den windabgewandten Seiten der Felsen niedergelassen haben. Über ihnen lassen sich einige Sturmmöwen vom Wind durch die Lüfte tragen und stoßen dabei ihre typischen Schreie aus. Unter der Meeresoberfläche tummeln sich Goldmaid und Gefleckter Lippfisch in dem sich wiegenden Algenwald. Schulen der flinken Köhler durchstreifen die Ränder der Kelpwälder. Gestreifte Hörnchenschnecken fressen kleine Krebstierchen, die sich an den Algenstängeln festgesetzt haben. Weiter oben, im „Kronendach", haben sich Hunderte von Flohkrebsen zusammengefunden. Am Fuße des Waldes lauert ein großmäuliger Seeteufel auf Beute. Dieser Lebensraum gilt als eines der fruchtbarsten und artenreichsten Ökosysteme der Erde und wird deshalb häufig „Regenwald des Meeres" genannt.

Einst erstreckten sich die Kelpwälder entlang sämtlicher Küsten der gemäßigten und nördlichen Meere. Heute finden wir Seetangwälder noch vor den westlichen Küsten Mitteleuropas und der Britischen Inseln sowie in der russischen Barentssee und rund um Island.

Diese Braunalgen können in Tiefen von mehr als 30 Metern gedeihen, vorausgesetzt die Strömung reicht aus, ihre Wedel zu bewegen, und das Wasser ist klar genug, um genügend Sonnenlicht durchzulassen. Der Kelp ist ein Baumeister für ganze Ökosysteme und Gemeinschaften zahlreicher anderer Arten. Ein einziges Kelpblatt kann Abertausenden Tieren Lebensraum und Nahrung bieten, und ganze Fischgesellschaften nutzen die Kelpwälder als „Kindergarten".

Sämtliche artenreichen Meere des Nordens, in denen sich das eisige Wasser des Nordpolarmeeres mit dem warmen, salzreichen des Nordatlantischen Stroms vermengt, sind voll marinen Lebens. Unsere tagtäglichen Entscheidungen – nicht zuletzt unsere Auswahl von Lebensmitteln – haben massiven Einfluss auf diese „lebenden Meere", wo alles miteinander verwoben ist.

Eismöwen vor einer Wand aus Eis
Larus hyperboreus
Spitzbergen, Norwegen
Die europäischen Eismöwen wandern nicht sehr weit, und verbringen die Winter unweit ihrer Brutplätze in der Arktis und Subarktis.
Ole Jørgen Liodden

Küstenseeschwalbe füttert Junges
Sterna paradisea
Jökulsárlóns-Lagune, Island
Die Küstenseeschwalbe unternimmt die längste Wanderung aller Tiere auf der Erde. Von ihren Brutstätten bis in ihr Winterquartier und zurück legt sie dabei jedes Jahr eine Strecke von mehr als 40 000 Kilometern zurück.
Orsolya Haarberg

Folgende Seiten:
Eisberg
Diskobucht, Grönland
Die Eisberge in der Diskobucht bestehen aus gefrorenem Süßwasser der nahen Gletscher. Sie treiben umher, stoßen dabei gelegentlich auf Grund und verbleiben dort. In der Diskobucht erreichen sie eine Höhe von bis zu 100 Metern. Aber nur zehn Prozent des ganzen Eisbergs ragen aus dem Wasser!
Kai Jensen

Seiten 226/227:
Basstölpel
Morus bassanus
Langanes, Island
Die weltweit drittgrößte Basstölpelkolonie findet man auf Langanes. Beim Begrüßungsritual am Nest stehen die Vögel Brust an Brust, recken die Schnäbel in die Höhe und schlagen sie sanft gegeneinander. Der Basstölpel ist ein Stoßtaucher, er stürzt sich ins Meer, und bis er wieder auftaucht, ist der Fisch geschluckt.
Orsolya Haarberg

Scheinhummer
Galathea intermedia
Møre, Norwegen
Ein junger Scheinhummer hat die Spitze eines Kelpblatts erklommen. Er gehört zur kleinsten Scheinhummerart in der Norwegischen See und erreicht eine maximale Länge von 18 Millimetern. Seinen großen Namensvettern zum Trotz ist dieser Winzling mit dem Porzellankrebs und dem Einsiedlerkrebs verwandt.
Magnus Lundgren

Hinter der Kamera

Von Magnus Lundgren

Atlantischer Seeteufel *(Lophius piscatorius)* **und Heilbutt** *(Hippoglossus hippoglossus)*
Saltstraumen, Bodø, Norwegen
[Breitengrad 67° 13' 57" Nord, Längengrad 14° 14' 36" Ost]

Ich habe das Glück, in vielen Teilen der Welt tauchen zu können, und doch befinden sich meine Lieblingstauchgebiete entlang der norwegischen Küste. So bin ich begeistert von der Wild-Wonders-Mission „Meeresleben im Atlantik", wenngleich ich für diesen Auftrag nur eine Woche Zeit habe.

Mit einer Mischung aus großer Hoffnung und Angespanntheit mache ich mich auf den Weg nach Saltstraumen, wo das Meer eine Artenvielfalt und Individuendichte aufweist, wie ich es mir nur erträumen kann. Gleichzeitig wird der Ort von dem stärksten Mahlstrom der Welt durchzogen.

Mein erfahrener Tauchpartner und ich besprechen die Sicherheitsvorkehrungen. Innerhalb von sechs Stunden fließen 400 Millionen Kubikmeter Wasser unter der Saltstraumen-Brücke hindurch. Unser erster Testtauchgang ist extrem. Mithilfe der ortskundigen Taucher entwickeln wir ein relativ sicheres Tauchsystem, mit dem wir allerdings zeitgebunden sind. Mit großer Präzision nutzen wir die Strömungsstillstände. Fast eine Woche lang tauchen wir Tag und Nacht. Wir bestaunen bunt leuchtende und majestätisch anmutende Felswände, die auf jedem Quadratzentimeter mit verschiedenartigen Filtrierern bedeckt sind, sowie Blockhalden, wo Steinbeißer Seite an Seite in ihren Höhlen liegen. In den wiegenden Kelpwäldern leben unzählige Köhler und Kabeljau, die den Strömungsstillstand genauso zu genießen scheinen wie wir. Die Schätze des Meeres sind überwältigend, die Mikroorganismen atemberaubend. Jeder Tag bringt Überraschungen, die nur für uns bestimmt zu sein scheinen.

Ein paar Tage vor unserer Abreise habe ich die Hauptakteure auf der Wunschliste von Wild Wonders allerdings noch immer nicht ausgemacht: den Seeteufel, einen der größten Anglerfische der Welt, und den gewaltigen, türgroßen Heilbutt. Letzterer ist wohl der beeindruckendste Raubfisch des gesamten Nordatlantiks. Unsere erfahrenen, ortskundigen Tauchexperten Johnny und Nico empfehlen uns eine bekannte Angelstelle für *kveite* (Heilbutt) auf der anderen Seite des Fjords. Es sei aber kein besonders angenehmer Tauchplatz, und sie hätten niemals Taucher mit dorthin genommen: «Dort fällt es jäh ab in den tiefen Fjord. Bringt eure Taschenlampen mit, und dann könnt ihr euch heute Abend auf die Suche machen ... Du wirst eine Menge Glück brauchen, um dort einen Heilbutt zu finden, Magnus.»

In dieser Nacht rollen wir uns aus dem Boot in das eiskalte Wasser und bewegen uns in freiem Fall in die Dunkelheit hinein, bis unsere Suchlichter einen kargen Abhang ausmachen. Auf der Wasseroberfläche folgt das Boot den Spuren unserer Atemblasen, in ständiger Bereitschaft uns wieder aufzunehmen. Eine sanfte Strömung trägt uns in den Fjord, die Zeit vergeht, und mein Energielevel sinkt. Wir driften für eine lange Zeit, ohne unsere Flossen schlagen zu müssen. Bewegungslos und wie zwei Quallen immer ge-

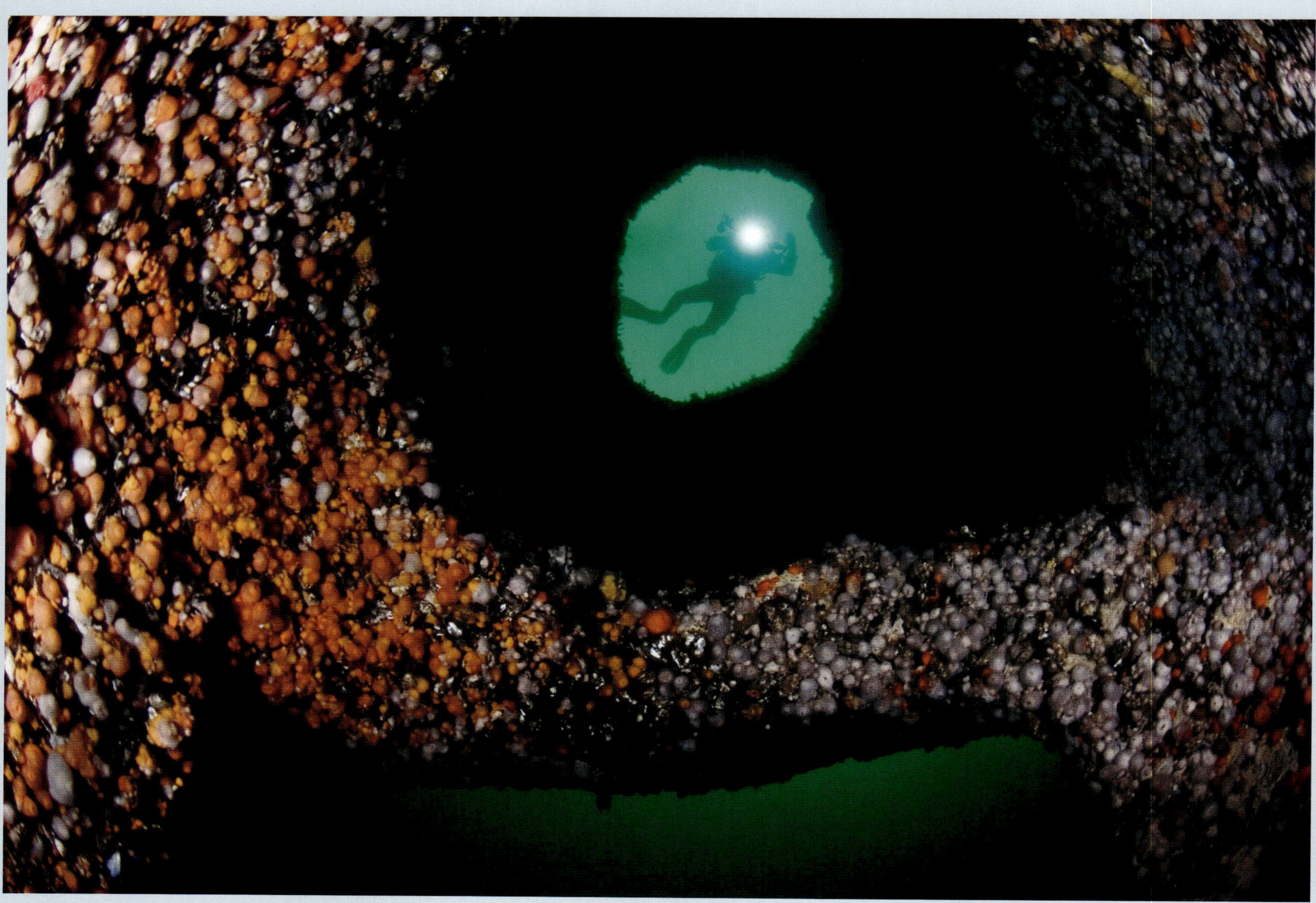

Riesenkessel unter Wasser, Saltstraumen, Bodø, Norwegen
Der Fotograf blickt hinunter in eine weite, tiefe Schachthöhle, die einem großen Kamin gleicht. Innen ist sie komplett bedeckt von einer großflächigen Seenelkenkolonie. **Magnus Lundgren**

(Atlantischer) Heilbutt, *Hippoglossus hippoglossus*
Saltstraumen, Bodø, Norwegen
Obwohl der Heilbutt ein Plattfisch ist, schwimmt er beim Jagen mitunter in Seitenlage. Sämtliche Roten Listen gefährdeter Arten bekunden, dass er stark überfischt ist. **Magnus Lundgren**

Folgende Seiten: **Atlantischer Seeteufel,** *Lophius piscatorius*
Saltstraumen, Bodø, Norwegen
Der Fisch besitzt an der Unterseite ein Paar stummelartige Bauchflossen. Die benutzt er, um über den Grund zu „spazieren". Sowohl der WWF als auch Greenpeace empfehlen, den stark gefährdeten Atlantischen Seeteufel nicht zu essen. **Magnus Lundgren**

tragen von der Strömung, scannen wir mit unseren Lampen die felsigen Abhänge. Meine Gedanken schweifen ab, und ich fange an, von einem warmen Abendessen zu träumen. Nach 20 Minuten und einer mittlerweile beißenden Kälte sehen wir endlich die steile Wand mit den sandigen Ablagerungen, von dem unsere Tauchexperten gesprochen hatten. Aus dem Nichts rammen mich einige größere, durch meine Suchlichter geblendete Seelachse mit beträchtlicher Wucht. Plötzlich bin ich wieder ganz wach. Auf dem Schelf, in zwei bis drei Meter Entfernung, liegt die Legende: ein ruhender, regloser und ungeheuer großer Plattfisch. Mein Herz schlägt schneller, und mein Atem beschleunigt sich. Ich zwinge mich, die Aufregung in den Griff zu bekommen, meine Kameraausrüstung zu überprüfen, ruhig zu werden und mich dann zu nähern – ganz, ganz langsam.

Beim ersten Blitzen entscheidet sich, ob der Heilbutt die Flucht antritt. Nur einen Meter von dem Tier entfernt mache ich die ersten Bilder. Der große Fisch bewegt seinen Kopf in Richtung Sand und verharrt ganz still. Für fünf schöne Minuten bleibt er völlig bewegungslos, bevor er anfängt, unruhig zu werden.

Schließlich entschwindet der größte aller Plattfischvertreter im Zeitlupentempo, wobei er mit seiner rauen Haut beinahe meinen Kopf rasiert, als er direkt über mich hinweggleitet. Ein Bild davon zu machen, verpasse ich aus purer Aufregung. Ich sehe, wie mein Partner in seinen Atemregler hineinlacht. Wir geben uns Handzeichen und machen „Fallrückzieher", um unseren Erfolg zu feiern und uns aufzuwärmen. Ein Moment puren Unterwasserglücks und wahrer Freude.

Es wird Zeit, wieder an die Oberfläche zu schwimmen, als mein Tauchpartner seine Taschenlampe plötzlich hektisch an- und ausschaltet. Dieses Signal bedeutet: «Lass sein, was immer du gerade tust, und komm hier rüber, sofort!» Als ich mich nähere, sehe ich, dass er mit seinem Taucherlicht einen bemerkenswerten Vertreter der größten Anglerfischspezies der Welt im Visier hat: den urigen Seeteufel. Er besitzt einen breiten Kopf, ein Riesenmaul und zwei erstaunlich grüne, in der Dunkelheit leuchtende Augen. Der merkwürdig anmutende Fisch ist sogar mit einer Art Angelrute ausgestattet, bestehend aus dem ersten Strahl seiner Rückenflosse, der frei stehend nach oben und unten bewegt werden kann. Das fleischige Ende, Esca genannt, fungiert als Scheinköder für seine Beute.

Der große Seeteufel erhebt sich einige Zentimeter von dem Felsen und macht einige Schritte auf seinen Brust- und Bauchflossen. Er kann wirklich gehen! Dann schwimmt er zu unserer Überraschung mitten ins offene Meer hinaus und in die dunkle Nacht hinein. Als Grundfisch bewegt er sich nicht schnell durch das Wasser, und sogar ich kann mit ihm mithalten. Nach einer Weile entschließt sich der schwere Fisch, vielleicht angelockt von meinem Licht, umzudrehen, und kommt direkt auf mich zu, wobei er meinen Kamerasucher mehr und mehr ausfüllt. Dann verschwindet er über der Kamera und kommt direkt über meinem Kopf zum Stillstand. Ich verhalte mich total ruhig, in der Schwebe. Es vergehen einige surreale Sekunden, bevor der Seeteufel sich wieder zufrieden auf dem felsigen Abhang niederlässt. Welch ein Nachttauchgang!

Freude an Natur und Wildnis

Wasser ist für das Leben auf der Erde unentbehrlich. Ohne Wasser gibt es kein Leben. Weil wir über lange Zeit nur kurzfristig wirksame Strategien zum Schutz der „Wilden Wasser" verfolgt haben, geht es heute nicht mehr nur um die Rettung einzelner Wale oder Fischbestände. Es geht um ganze Ökosysteme. Es geht um die Luft, die wir atmen, um das Wasser, das wir trinken. Gibt es etwas, das noch schützenswerter wäre?

Entscheidungen und Maßnahmen, die wir heute und in Zukunft treffen, um Ozeane, Seen und Flüsse zu erhalten, zählen womöglich zu den wichtigsten der nächsten 10 000 Jahre. Der Bestand des Europäischen Aals, der heute bereits um 99 Prozent zurückgegangen ist, könnte sich wieder erholen. Die Hälfte der gefangenen Fische in der Nordsee würden nicht mehr als Abfall ins Meer zurückgeworfen werden. Zurück in einen Lebensraum, der seit Jahrzehnten an Überfischung leidet. Aquakulturen wie Lachsfarmen würden nicht mehr die größte Bedrohung für die Wildbestände des Atlantischen Lachses darstellen und zur Ausbreitung von Parasitenbefall und Erkrankungen führen. Zumal 30 Prozent des globalen Fischfangs zu Fischmehl verarbeitet und anschließend an Fische in Zuchtanlagen verfüttert werden.

Die gute Nachricht ist, dass wir alle durch unser Verhalten etwas dazu beitragen können. Wir können enorm viel bewegen, wenn wir beispielsweise beim Fischeinkauf auf das MSC-Gütesiegel achten, das gewährleistet, dass der Fisch aus nachhaltiger Fischerei und aus gesicherten Beständen stammt. Oder wenn wir für den nächsten Urlaub ein Reiseziel in einem Meeresschutzgebiet wählen, das Naturschutz und sanften Tourismus in Einklang bringt. Oder wenn wir bei künftigen Wahlen umweltpolitische Programme zur Nachhaltigkeit unterstützen. Es gibt zahlreiche Möglichkeiten für „Europas Wilde Wasser" aktiv zu werden, nutzen wir sie!

Rosaflamingo bei der Gefiederpflege
Phoenicopterus roseus
Pont du Gau, Camargue, Frankreich
Flamingos verbringen fast den halben Tag damit, ihr Federkleid zu putzen. Dabei verteilen sie ein Öl, das aus der sogenannten Bürzeldrüse gleich über dem Schwanz kommt und eine wasserabweisende Schicht auf den Federn bildet.
Theo Allofs

Die Fotografen und ihre Ziele

1. Theo Allofs (D)
Frankreich: 42–43, 118–119, 235
www.theoallofs.com

2. Ingo Arndt (D)
Frankreich: 34–35
www.ingoarndt.com

3. Nils Aukan (NO)
Norwegen: 173
www.aukanphoto.no

4. Franco Banfi (CH)
Monaco: 21
www.banfi.ch

5. Sandra Bartocha (D)
Dänemark: 68–69
www.bartocha-photography.com

6. Maurizio Biancarelli (IT)
Kroatien: 32–33
www.mauriziobiancarelli.net

7. Peter Cairns (UK)
Finnland: 77
www.northshots.com

8. Laurie Campbell (UK)
England: 25
www.lauriecampbell.com

9. Mark Carwardine (UK)
Island: 78-79
www.markcarwardine.com

10. Dieter Damschen (D)
Deutschland: 37, 73, 77, 84–85
www.dieterdamschen.de

11. Mireille de la Lez (SE)
Spitzbergen: 198–199, 200–201
www.novaphotomedia.com

12. Martin Falklind (SE)
Schweden: 61, 63
www.fiskejournalen.se

13. Anders Geidemark (SE)
Albanien: 97
www.andersgeidemark.se

14. Laurent Geslin (FR)
England: 90–91, 109, Moldawien: 115
www.laurent-geslin.com

15. Orsolya Haarberg (HU)
Island: 56–57, 58–59, 83, 191, 205, 223, 226–227,
Schweden: 170–171
www.haarbergphoto.com

16. Pål Hermansen (NO)
Irland: 6–7, 140–141, 197
www.palhermansen.com

17. Arne Hodalič (SI)
Slowenien: 26-27, 47

18. Kai Jensen (NO)
Grönland: 192–193, 224–225
www.villmarksbilder.com

19. Grzegorz Leśniewski (PL)
Polen: 28–29
www.grzegorzlesniewski.pl

20. Ole Jørgen Liodden (NO)
Spitzbergen: 223
www.naturfokus.no

21. Diego López (ES)
Lettland: 97, Spanien:121
www.gonature.es

22. Magnus Lundgren (SE)
Azoren: 4–5, 15, 122–123, 131, 151, 154–155, 169, 179, 182–183,
Island: 98–99, Norwegen: 41, 49, 127, 128–129, 157, 158–159, 160–161, 163, 164–165, 173, 209, 211, 212–213, 214–215, 216, 217, 219, 229, 230, 232–233, Schweden: 87, 88–89, 93, 94–95,174, 175, 177
www.aquagraphics.se

23. David Maitland (UK)
Mazedonien: 44–45
www.davidmaitland.com

24. Florian Möllers (D)
Deutschland: 52–53
www.florianmoellers.com

25. Dietmar Nill (D)
Bulgarien: 73
www.dietmar-nill.de

26. László Novák (HU)
Deutschland: 110–111, Ungarn: 31
www.novaklaszlo.hu

27. Jari Peltomäki (FIN)
Griechenland: 67
www.finnature.fi

28. Linda Pitkin (UK)
Korsika: 124–125, 127, 137
www.lindapitkin.net

29. Verena Popp-Hackner (AT)
Spanien: 10–11
www.popphackner.com

30. Manuel Presti (IT)
Bulgarien: 74–75, Rumänien: 50–51
www.wildlifephoto-presti.com

31. Luís Quinta (PT)
Portugal: 112–113, 115
www.luisquinta.net

32. Milán Radisics (HU)
Montenegro: 103, 104, Ungarn: 41
www.milan.hu

33. Michel Roggo (CH)
Schweiz: 38–39, Spanien: 55
www.roggo.ch

34. Nuno Sá (PT)
Azoren: 116–117, 131, 138–139, 180–181, Madeira: 152–153,
Schottland: 185, 186
www.photonunosa.com

35. Stefano Unterthiner (IT)
Schweden: 100–101
www.stefanounterthiner.com

36. Markus Varesvuo (FIN)
Ungarn: 70–71
www.birdphoto.fi

37. Staffan Widstrand (SE)
Finnland: 80–81, Norwegen: 2–3, 17, 194–195, 197, 203, 206–207, 239
www.staffanwidstrand.se

38. Solvin Zankl (D)
Malta: 8–9, 132–133, 135, 166–167
Türkei: 55, 143, 144, 146–147
www.solvinzankl.com

39. Daniel Zupanc (AT)
Slowenien: 47
www.zupanc.at

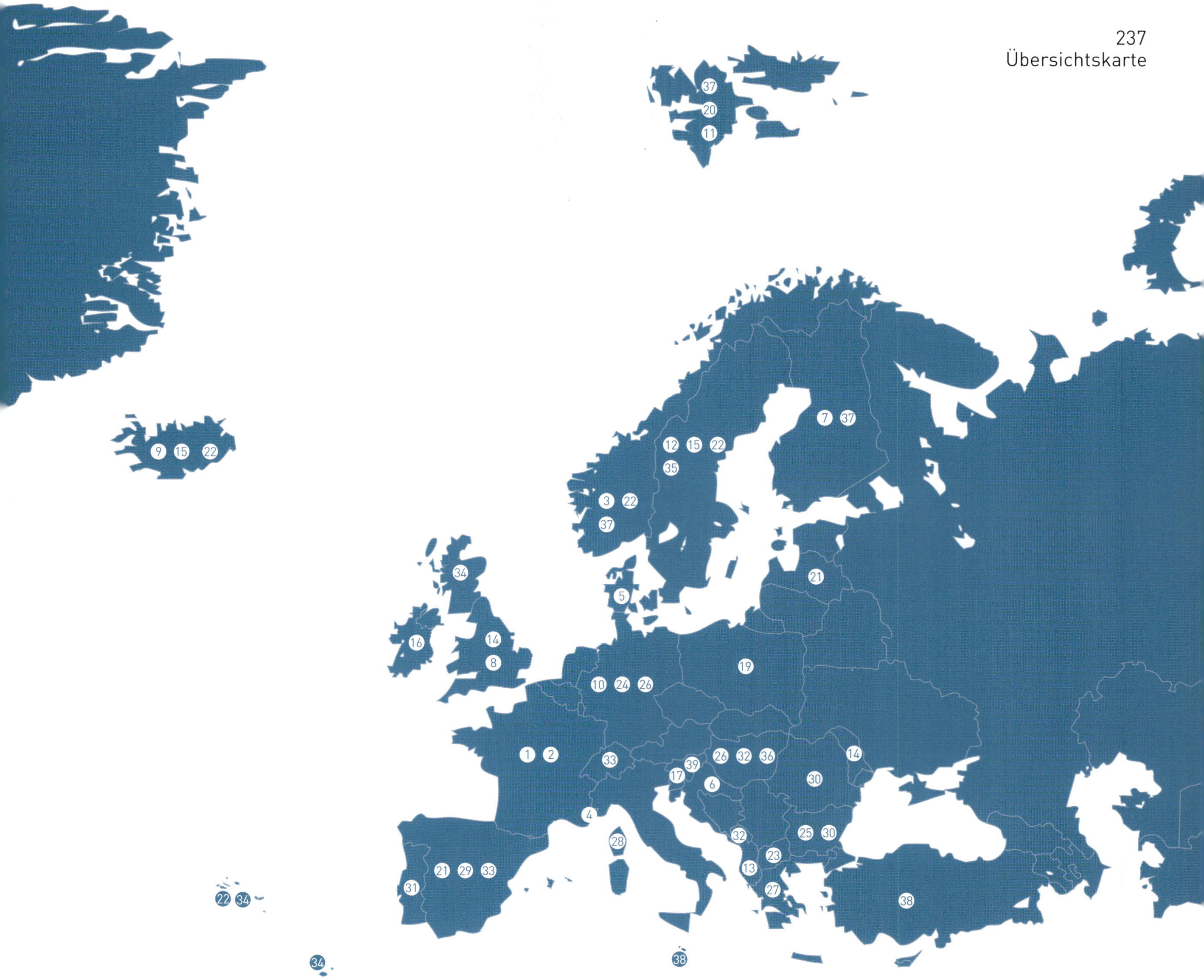

Weitere Fotografen des Wild-Wonders-Teams

Niall Benvie (UK)
www.imagesfromtheedge.com

Daniel Bergmann (IC)
www.danielbergmann.com

Bruno D'Amicis (IT)
www.brunodamicis.com

Elio della Ferrera (IT)
www.eliodellaferrera.com

Cornelia Dörr (D)
www.doerr-naturbilder.de

Magnus Elander (SE)
www.magnuselander.com

Edwin Giesbers (NL)
www.edwingiesbers.com

Danny Green (UK)
www.dannygreenphotography.com

Olivier Grunewald (FR)

Erlend Haarberg (NO)
www.haarbergphoto.com

Mark Hamblin (UK)
www.markhamblin.com

Frank Krahmer (D)
www.frankkrahmer.de

Peter Lilja (SE)
www.peterlilja.com

Bence Máté (HU)
www.matebence.hu

Claudia Müller (D)
www.flowerpics.de

Vincent Munier (FR)
www.vincentmunier.com

Juan Carlos Muñoz (ES)
www.artenatural.com

Pete Oxford (UK)
www.peteoxford.com

Georg Popp (AT)
www.popphackner.com

Louis Marie Préau (FR)
www.louismariepreau.com

Lassi Rautiainen (FIN)
www.articmedia.fi

Iñaki Relanzón (ES)
www.photosfera.com

José B. Ruiz (ES)
www.josebruiz.com

Tom Schandy (NO)
www.samfoto.no

Igor Shpilenok (RU)
www.shpilenok.com

Ruben Smit (NL)
www.rubensmit.nl

Jesper Tønning (DK)
www.jespertonning.com

Konrad Wothe (D)
www.konrad-wothe.de

Sven Začek (EST)
www.zacekfoto.ee

Christian Ziegler (D)
www.naturphoto.de

Wild Wonders of Europe

Wild Wonders of Europe ist die größte auf Fotografie begründete Kommunikationsinitiative zum Naturschutz. 69 der besten Natur- und Tierfotografen des Kontinents waren in unserem Auftrag in allen 48 europäischen Ländern unterwegs. 14 Monate und 135 Fotoaufträge später, nach 1100 Tagen in wilder Natur, haben sie 50 Nationalparks und unzählige faszinierende Tier- und Pflanzenarten in erstklassigen Bildern eingefangen. Anhand dieser Fotos präsentiert Wild Wonders of Europe das unbekannte, unerwartete und unvergessliche Naturerbe Europas. Wir wollen ein breites Publikum für die ungezähmte Natur begeistern und die Rückkehr der Wildtiere feiern. Wir wollen zeigen, dass Naturschutz tatsächlich gelingen kann, gleichwohl aber auch die Aufmerksamkeit auf all die Kostbarkeiten lenken, die wir Gefahr laufen zu verlieren – das ist unsere Botschaft.

Danke an alle!

Es gibt zahllose Menschen und Organisationen, die enorm viel bewegen. Der Einzelne, der auf den Verzehr von Thunfischprodukten verzichtet, der Angelsportverein, der den örtlichen Bach renaturiert, sowie viele einflussreiche Ministerien, Behörden, regierungsunabhängige Organisationen und Unternehmen, die mit konkreten und klugen Entscheidungen helfen, unsere Gewässer zu schützen.

Ganz besonders danken möchten wir unserem Team aus professionellen und unermüdlichen Fotografen. Ein ausdrücklicher Dank geht an unsere Hauptpartner – WWF International, National Geographic Society, Rewilding Europe, Nokia und Nikon. Herzlichen Dank auch an das Team von National Geographic Deutschland, insbesondere an Alexandra Schlüter, Dr. Martin Bethke, Esther Gonstalla und Stephanie Jaeschke.

Zu guter Letzt geht unser innigster Dank an unsere Familien und Angehörigen, die uns unglaublich viel Geduld, Verständnis und Unterstützung entgegengebracht haben, während wir dieses geradezu monumentale Projekt verwirklichten.

Magnus Lundgren, Florian Möllers,
Staffan Widstrand und Bridget Wijnberg

Tatze eines Eisbären
Ursus maritimus
Spitzbergen, Norwegen
Die Pfoten des Eisbären sind optimale Schneeschuhe. Die kurzen borstigen Haare an der Unterseite sorgen für einen sicheren Halt. Die langen Krallen sind tödliche Waffen, helfen aber auch, sich am Eis hochzuziehen. Zudem sind die Vordertatzen zwischen den Zehen mit Schwimmhäuten versehen.
Staffan Widstrand

Hauptpartner

Silberpartner
NATIONAL GEOGRAPHIC DEUTSCHLAND, Life Exhibitions, NPL – Nature Picture Library, Fotopedia, Swedish Postcode Lottery, Dutch Postcode Lottery, PolarQuest, Better Moments, Bayard Presse, Epson, SanDisk, Gitzo, NIK software

Bronzepartner
Conservation International, PAS Events, Anders Ryman Photography, Éditions de la Martinière, Art for Conservation, Aunan Lodge, Norway Nature, Articmedia, Wild Taiga, Finnature, Noble Caledonia, Flatanger Kommune, Innovation Norway, Kuusamo Lapland, Forollhogna, Äventyrsresor, VisitFinland, Naturfokus, Destination Saltstraumen, Reisen in die Natur, Objectif Nature, Turismo Lanzarote, VisitSweden, Andorra Turisme, Nordic Discovery, Parque Natural da Madeira, Madeira Islands, Ulvsbomuren, King of the Forest, Staatsbosbeheer, Azores Tourism, Mediwiss Analytic GmbH, Islas Canarias, Nordic Safari, Valle d'Aosta, Swedish Environment Agency, DIVE.IS, TurExtremadura, Alladale Wilderness Reserve, Photo Travel Romania, Montier-en-Der-Festival, IUCN – World Conservation Union, EEA – European Environment Agency, ILCP – International League of Conservation Photographers, UNEP – United Nations Environment Programme, The WILD Foundation, PEBLDS, European Commission, BirdLife International, Countdown 2011-2020, EURONATUR, AEFONA, PanParks Foundation, The Alpine Convention, EAZA European Carnivore Campaign, Fotonatura.org, EMS Films, 2020Vision, Visión Salvaje, NVN, Roots, Naturfotograferna/N, WILD 10

Weitere Partner
Image et Nature, IFWP, Asferico, NaturArt, Naturapics, Hidephotography.com, Sakertour, Salix Ecotours Ukraine, Birding in Spain, Neophron Tours, Fotodelta, EkoClub, Light & Nature

Links zu all unseren wichtigen Partnern finden Sie auf der Wild-Wonders-of-Europe-Homepage: www.wild-wonders.com

Impressum

Fotos: Fotografen und Wild Wonders of Europe Ltd. wie angegeben
Texte: Lundgren, Möllers, Widstrand and Wijnberg / Wild Wonders of Europe Ltd.
Bildnachweis: Cover: Diego López, Buchrückseite (von links): Laurie Campbell, Solvin Zankl, Verena Popp-Hackner, Magnus Lundgren, Solvin Zankl, Staffan Widstrand

Konzept: Alexandra Schlüter
Gesamtgestaltung und Bildredaktion: Erdgeschoss Grafik, Esther Gonstalla | www.erdgeschoss-grafik.de
Illustrationen: S. 18 / 22 Esther Gonstalla, S. 64 / 188 Veronique Dürr, S. 106 / 148 Fredrik Hyltén-Cavallius
Lektorat: Stephanie Jaeschke, Monika Rößiger
Schlussredaktion: Birte Kaiser
Übersetzung: Regina Schneider
Herstellung: G+J Druckzentrale, Heiko Belitz (Ltg.), Thomas Oehmke
Litho: Peter Becker GmbH, Würzburg
Druck: Grafisches Centrum Cuno, Calbe

Printed in Germany
ISBN 978-3-86690-301-2